高等学校计算机类“十三五”规划教材

计算机基本操作实验教程

主　编　王代君

副主编　唐　麟

西安电子科技大学出版社

内 容 简 介

本书是针对高校计算机基础课程“计算机基本操作实验”的内容而编写的实验教材。

本书共6章，包括Windows 7操作系统、Word 2010字处理软件、Excel 2010电子表格软件、PowerPoint 2010演示文稿软件、Access 2010数据库应用基础、计算机网络基础等。每章都有2～4个实验内容。

本书从大量实用的计算机基础操作中精选出典型的案例，且设置了一些具有一定创新性的实验内容。实验内容丰富、循序渐进、可操作性强，注重培养学生的创新思维和创新能力，有利于提高学生的实际动手能力。

本书可供高等院校、高职高专理工科专业学生使用，也可供对计算机基本操作感兴趣的其他读者参考。

图书在版编目(CIP)数据

计算机基本操作实验教程/王代君主编. —西安：西安电子科技大学出版社，2015.9
高等学校计算机类“十三五”规划教材

ISBN 978-7-5606-3819-5

Ⅰ. ① 计…　Ⅱ. ① 王…　Ⅲ. ① 电子计算机—高等学校—教材　Ⅳ. ① TP3

中国版本图书馆CIP数据核字(2015)第209546号

策　　划　邵汉平
责任编辑　邵汉平　宣美娜
出版发行　西安电子科技大学出版社(西安市太白南路2号)
电　　话　(029)88242885　88201467　　邮　　编　710071
网　　址　www.xduph.com　　电子邮箱　xdupfxb001@163.com
经　　销　新华书店
印刷单位　陕西天意印务有限责任公司
版　　次　2015年9月第1版　2015年9月第1次印刷
开　　本　787毫米×1092毫米　1/16　印 张 8.5
字　　数　195千字
印　　数　1～3000册
定　　价　20.00元
ISBN 978 - 7 - 5606 - 3819 - 5/TP
XDUP 4111001-1

前 言

本书内容新颖，特色鲜明，条理清晰，面向应用，强调计算机操作的综合能力和创新能力。除了有让学生按基本要求完成的实验外，还有相关内容的高级操作创新实验，以加强对学生应用计算机综合能力的训练以及对学生创新思维和创新能力的培养。

本书的指导思想是培养学生的创新意识和开发学生的创新能力，为学生今后的专业课学习打下坚实的计算机应用基础，提高其计算机应用能力。因此，本书增加了案例分析。本书中的创新实验内容有一定的难度和深度，要求学生有一定计算机基础，仔细分析案例并查阅相关书籍来完成相应的实验内容。

教学时，对于基本要求的实验，可要求学生在实验学时内完成；对于高级操作的创新实验，则要求教师预先布置，实验时，认真讲解实验案例，以启发和引导学生对于创新实验的思考、分析，发挥学生的聪明才智，从而让学生有兴趣、自觉地完成相关的实验内容，同时满足学生课外练习和复习的需要。

本书由桂林电子科技大学计算机科学与工程学院王代君、唐麟共同编写而成，具体分工如下：第 1～3 章由王代君编写；第 4～6 章由唐麟编写；全书由王代君统稿。

由于作者水平有限、经验不足，书中难免有不妥之处，敬请读者批评指正。

编　者

2015 年 6 月

目　　录

第 1 章　Windows 7 操作系统

Windows 7 是 Microsoft(微软)公司继 Windows XP 之后于 2009 年推出的一款操作系统。它具有简单易用、性能高效、兼容性好、配置要求低等特点，被越来越多的人作为首选操作系统。

1.1　实训一：Windows 7 的基本操作

Windows 7 操作系统对文件和文件夹的管理包括文件和文件夹的创建、选定(单选或多选)、复制(拷贝)、移动、重命名、删除、搜索，以及文件、文件夹及文件扩展名的显示/隐藏等操作。

1.1.1　任务提出

小李是刚入学的大学新生，军训结束后开始上课。第一个学期就有“计算机基本操作实验”课程，该课程需要做一些有关 Word 2010、Excel 2010、PowerPoint 2010 等软件的实验操作练习。随着课程的深入，实验作业会越来越多。为了便于工作和学习，必须对实验作业的文件和文件夹进行规范管理。首先要求在 D 盘根目录下建立名为“学号+姓名”的文件夹，在该文件夹下，再建立四个子文件夹，分别是“文字处理”、“电子表格”、“演示软件”和“相关资料”，以方便把所有相关文件分别保存到相应文件夹中，如图 1.1 所示。然后将指定的文件夹(由教师指定)中的所有文件复制到文件夹“相关资料”中。接着将文件夹“相关资料”中的文本文档按文件内容重命名，删除文件夹“相关资料”中的 Access 数据库文件。为了便于查找，在桌面上可为文件夹“学号+姓名”建立快捷方式，并要求同学下课前将文件夹“学号+姓名”复制到 U 盘，作为数据备份保存并定期清理回收站。

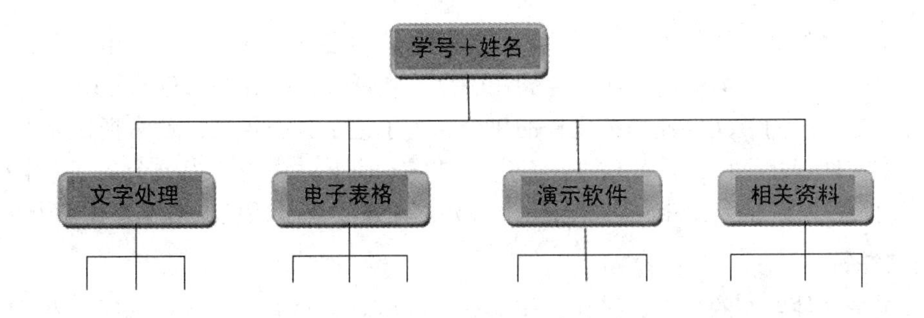

图 1.1　树形结构图

1.1.2 解决方案

成千上万的文件和文件夹存放在计算机的磁盘中，需要进行科学管理，不然会给操作和使用带来麻烦。科学的文件管理需要做到两点：一是把成千上万的文件和文件夹进行“分类存储”，二是对重要文件和文件夹进行“备份”。

分类存储：将不同类型的文件和文件夹按照一定的方法进行分门别类整理。分类存储文件的优势是能减少文件和文件夹查找、定位的时间。

备份：把重要的文件和文件夹拷贝到存储介质上，可以保护数据，以防在系统硬件出现故障时受到破坏而造成原文件丢失。

具体解决方案如下：

(1) C 盘一般作为系统盘，专门用来安装系统程序和各种应用程序。D 盘或其他盘一般作为数据盘。

(2) 在指定工作盘根目录下建立多个相应的文件夹，把所有不同类型的相关文件和文件夹分别保存到相应文件夹中，文件和文件夹最好用中文命名，这样一目了然，方便查找文件。

(3) 在桌面上为需要经常访问的文件或文件夹建立快捷方式，节省反复打开文件和文件夹的操作时间。

(4) 把修改后的最后数据保存并复制到另外的磁盘或 U 盘中，作为数据备份。

(5) 定期清理计算机的垃圾文件和回收站。

1.1.3 相关知识

1. 资源

资源是在 Windows 7 系统中用户可以使用的软件和硬件，可以是桌面、文件、文件夹、磁盘和打印机等。

2. Windows 7 的资源管理器

Windows 7 的资源管理器是用户浏览和查看计算机上所有资源的重要窗口，能够清晰、直观地对计算机上各种各样的文件和文件夹进行管理。在 Windows 7 系统中，微软对资源管理器赋予了更多新颖有趣的功能，使操作更便利。

3. 文件和文件夹

文件是一组相关信息的集合，是计算机中信息的主要存放形式，也是用户存放在计算机中最重要的资源，而这些信息通常存储在磁盘、磁带、光盘等外部存储器中。

文件夹是一组同类文件或相关文件的集合。为了便于分类管理，通常把计算机中成千上万的同类文件或相关的文件集中在一起并存放在一个文件夹中。当一个文件夹中包含的文件太多时，可以在这个文件夹内部再进一步建立若干个下一级的文件夹，称为子文件夹。

4. 文件名

文件名是文件存在的标识。操作系统根据文件名对文件进行控制和管理，为了区分不同的文件，必须为每个文件指定名称。计算机对文件实行按名存取的操作方式。

DOS 操作系统规定文件名由文件主名和扩展名组成。文件主名由 1～8 个字符组成，是用户根据文件的用途自己命名的；扩展名由 1～3 个字符组成，用来区分文件类型。主名和扩展名之间由一个小圆点隔开，一般称为 8.3 规则。例如：W6303.DOC，这里 W6303 是主名，DOC 是扩展名。

Windows 7 突破了 DOS 对文件命名规则的限制，允许使用长文件名，其主要命名规则如下：

(1) 文件名最长可以使用 255 个字符。

(2) 可以使用扩展名，扩展名用来表示文件类型，也可以使用多间隔符的扩展名。如 win.ini.txt 是一个合法的文件名，但其文件类型由最后一个扩展名决定。

(3) 文件名中允许使用空格，但不允许使用下列字符(英文输入法状态)：<、>、/、\、|、:、"、*、?。

(4) Windows 7 系统对文件名中字母的大小写在显示时有不同，但在使用时不区分大小写。

5. 复制、移动和删除

复制、移动和删除操作的对象既可以是文本，也可以是文件或文件夹等其他对象。

复制文件或文件夹是保留一个文件或文件夹的副本的操作。复制是将选定的对象复制到剪贴板，再将剪贴板中的内容粘贴到目标位置，原对象保持不变。

移动文件或文件夹是将某一位置的文件或文件夹放到另一位置的操作。移动是指将选定的对象移动到剪贴板，再将剪贴板中的内容复制到目标位置，原对象消失。

删除文件或文件夹是将文件或文件夹从系统的目录清单中删除掉。很多情况下，用工具软件或 Windows 7 下自带的“回收站”均能恢复被删除的文件或文件夹。为了保险起见，用户最好养成对自己输入的文本或其他文件在其他存储器中备份的习惯，以防丢失。

6. 桌面、窗口和对话框

桌面是指 Windows 7 所占据的屏幕空间，即整个屏幕背景。进入 Windows 7 后会发现，Windows 7 带给人的是一种全新风格的画面。

窗口是程序与用户进行信息交互的主要界面。

对话框是用户与 Windows 7 及其程序进行信息交流的一个界面，起向计算机提供命令参数、选定执行细节的作用。当系统需要进一步的信息才能继续运行时，就会出现对话框，等待用户选择或者输入信息。

窗口和对话框的主要区别是：窗口可以改变大小，对话框不可以改变大小。

7. 菜单和选项卡

菜单是将系统可以执行的命令以层次的方式显示出来的界面，一般置于画面的最上方或者最下方，应用程序能使用的所有命令几乎都包含在菜单中。菜单的重要程度一般是从左到右，重要程度依次降低，最右边往往设有“帮助”菜单。Windows 7 有三种菜单：任务栏上的“开始”菜单、标题栏下的菜单栏菜单和右键点击选定对象出现的快捷菜单。

选项卡是选项和功能区面板的统称。当设置项目很多时，把同类型的设置项目缩成标题下面的一个标签，单击工具栏选项名称时与之相对应的是功能区面板，单击标签可以展开对应的选项卡。

8. 剪贴板和回收站

剪贴板是在内存中开辟的临时存储区，是数据交换中心。它不但可以存储文字，还可以存储图像、声音等其他信息。当数据复制或剪切到剪贴板后，使用“粘贴”命令就可以进行剪贴板数据的读取。

回收站是为防止用户误删除文件或文件夹而设立的一种保护机制。在 Windows 7 中用户删除的文件被临时存放在回收站中。如果将不该删除的文件删除了，要恢复它们，可以从回收站中还原文件；如需直接永久地删除文件或文件夹，可以在执行删除文件或文件夹操作时按住【Shift】键，这样该文件或文件夹将不会被送到回收站而被直接删除掉。

9. 快捷方式

快捷方式提供了一种简便的工作方式，实际上是外存中原文件或外部设备的一个映像文件，是一种特殊类型的文件。通过访问快捷方式可以访问到它所对应的原文件或外部设备。每一个快捷方式用一个左下角带有弧形箭头的图标表示，称为快捷图标。

1.1.4 实现方法

1. 启动“资源管理器”

打开中文 Windows 7 的资源管理器的方法有以下几种：

方法一：在“开始”按钮上点击鼠标右键，在弹出的菜单中单击“打开 Windows 资源管理器”。

方法二：单击“开始”→“所有程序”→“附件” →“Windows 资源管理器”。

方法三：右键点击任务栏中的 Windows 资源管理器的图标，即可打开“Windows 资源管理器”窗口，如图 1.2 所示。

图 1.2 Windows 7 的资源管理器窗口

资源管理器工作窗口可分为左、中、右三个窗格：左侧是列表区；中间是“目录栏”窗格，用来显示当前文件夹下的子文件夹或文件目录列表；右侧是选中文件以后的预览窗口。地址栏采用“面包屑”的导航功能，能知道当前打开文件夹的名称、路径，还可在地址栏中输入本地硬盘的地址或网络地址，直接打开相应内容。当鼠标移动到此路径上后会发现，整个路径中每一步都可以单独点击选中，点击其后的黑色右箭头后可以打开一个子菜单，显示当前步骤按钮对应的文件夹内保存的所有子文件夹。为了打开窗口的菜单栏，可单击“组织”右边的下拉按钮，弹出如图1.3所示的下拉菜单，再选择“布局”→“菜单栏”复选框即可看到菜单。

图1.3 Windows 7的菜单栏

在Windows资源管理器中，窗口左侧的列表区包含收藏夹、库、家庭网、计算机和网络等五大类资源。当浏览文件时，特别是浏览文本文件、图片和视频时，点击右上角“显示预览窗格”图标，可以在资源管理器中直接预览其内容。在资源管理器右侧即可显示预览窗格并且可以通过拉动文件浏览区和预览窗格之间的分割线来调整预览窗格的大小，以便用户预览需要的文件。

2. 新建文件和文件夹

打开桌面上的“计算机”图标或打开Windows资源管理器，选择目标数据盘，在菜单栏上选择“文件”→“新建”，在级联菜单中选择相应类型文件或文件夹；或右击空白处，在快捷菜单中选择“新建”菜单项，在级联菜单中选择相应类型文件或文件夹，直接在反相显示的新建文件名处输入文件名，按【Enter】键或单击任一空白处，文件和文件夹即可创建好。

3. 文件和文件夹的重命名

打开桌面上的“计算机”图标或打开Windows资源管理器，选定需重命名的文件或文件夹后打开菜单栏“文件”菜单项，在菜单栏上选择“重命名”，此时原名称呈反相显示，变为可编辑状态，从键盘上输入新名称，再单击空白处或按【Enter】键即可重命名该对象；或右击需重命名的文件或文件夹，弹出快捷菜单，选择“重命名”选项，在加亮显示的名称上输入新名称，并单击空白处或按【Enter】键即可重命名该对象。

4．文件和文件夹的复制和移动

方法一：使用菜单命令复制(移动)文件或文件夹。具体步骤如下：

(1) 在“计算机”或“资源管理器”中，选定所要复制(移动)的文件或文件夹。

(2) 单击菜单栏中的“编辑”→“复制(剪切)”命令，则所选定的文件或文件夹被复制(移动)到剪贴板中。

(3) 为被复制(移动)的文件或文件夹选定一个新的位置，并在该位置的窗口单击菜单栏中的“编辑”→“粘贴”命令，源文件就被复制(移动)到新的位置。

方法二：使用菜单向导法复制(移动)文件或文件夹。具体步骤如下：

(1) 在“计算机”或“资源管理器”中，选定所要复制(移动)的文件或文件夹。

(2) 单击“编辑”→“复制到文件夹(移动到文件夹)…”命令。

(3) 在“复制项目(移动项目)”对话框中指定目标文件夹。单击“复制(移动)”按钮，则源文件就被复制到新的位置中。

方法三：使用鼠标拖动复制(移动)文件或文件夹。

在“计算机”或“资源管理器”窗口中，用鼠标拖动可以更快地复制(移动)文件或文件夹。具体操作步骤如下：

选定要移动的文件或文件夹，如果要在同一磁盘上移动文件或文件夹，使用鼠标将所选的文件或文件夹拖动到同一磁盘中的目标文件夹中，当目标文件夹变为暗色后，释放鼠标即可。如果要复制文件或文件夹，则需按住【Ctrl】键再拖动鼠标。

若要将所选的文件或文件夹复制到另一个磁盘的文件夹中，则用鼠标将所选文件或文件夹直接拖动到目标文件夹，确认文件夹变为暗色后，释放鼠标即可。如果要移动文件或文件夹，则需按住【Shift】键再拖动鼠标。在拖动文件或文件夹到目标文件夹过程中，注意观察鼠标的末端是否有+号，若有，则为复制操作；若没有，则为移动操作。

方法四：单击鼠标右键复制(移动)文件或文件夹。具体步骤如下：

(1) 在“计算机”或“资源管理器”中，选定要复制(移动)的文件或文件夹。

(2) 右击选定对象，在快捷菜单中选“复制(剪切)” 命令，则所选定的文件或文件夹就被复制(移动)到剪贴板中。

(3) 为被复制(移动)的文件或文件夹选定一个新的位置，并在目标位置处右击，在弹出的快捷菜单中选“粘贴”命令，源文件就被复制(移动)到新的位置。信息一旦被复制到剪贴板，单击“粘贴”命令，剪贴板中的内容可多次粘贴，直到剪贴板中的内容被重新刷新为止。

5．选中文件和文件夹操作

(1) 选中单个文件或文件夹：左键点击选中单个文件或文件夹，使其显示为蓝色，即可选中单个文件或文件夹。

(2) 选中多个连续的文件或文件夹：左键点击选中单个文件或文件夹，拖动选择框即可选中多个连续的文件或文件夹。或单击选中第一个文件或文件夹，然后按住【Shift】键的同时选中最后一个文件或文件夹，即可选中多个连续的文件或文件夹。

(3) 选中多个不连续的文件或文件夹：左键点击选中单个文件或文件夹，然后按住【Ctrl】键的同时逐个选中需要选中的文件或文件夹，即可选中多个不连续的文件或文件夹。

6. 删除文件或文件夹

方法一：采用拖动的方法。将鼠标指针移动到需要删除的文件或文件夹图标上，按住鼠标左键并将鼠标拖动到回收站的图标上，然后释放鼠标左键。

方法二：将鼠标指针移动到需要删除的文件或文件夹图标上，单击右键，在弹出的快捷菜单中选择“删除”命令后，打开“删除文件”对话框，点击“是”命令按钮，则此文件被送到回收站中。

方法三：右击“开始”→“Windows 资源管理器”在弹出的窗口中，选定需要删除的文件或文件夹，按【Del】键，在弹出的“删除文件”对话框中点击“是”命令按钮，则将该文件或文件夹送到回收站中。

7. 查找文件或文件夹

在众多的文件中迅速找到所需文件的方法如下。

方法一：使用“开始”菜单上的搜索框。

单击“开始”按钮，然后在搜索框中键入字词或字词的一部分，即可使用“开始”菜单上的搜索框来查找存储在计算机上的文件、文件夹、程序和电子邮件。

方法二：通过文件夹窗口当中的搜索框来完成。

(1) 在资源管理器窗口中选择“组织/文件夹和搜索选项”命令，打开“文件夹选项”对话框，在“搜索”选项卡中可对“搜索内容”、“搜索方式”等进行适当地修改。

(2) 在文件夹窗口的搜索框中输入搜索条件，立刻就可得到当前文件夹之下的搜索结果，还可设定多项搜索条件，包括修改时间、类型、文件大小等。

(3) 搜索到的文件和文件夹和普通文件夹窗口一样，可以进行打开、执行、复制、移动、删除、重命名等操作。

8. 回收站的操作

从回收站中还原已删除的文件或文件夹的方法如下。

方法一：双击打开“回收站”，选定文件或文件夹，右击该选定的文件或文件夹后，点击“还原”命令，选定的文件或文件夹则被还原到它们原来的位置。

方法二：在回收站中选定文件或文件夹，在菜单栏中选择“文件”→“还原”命令，选定的文件或文件夹则被还原到它们原来的位置。

在回收站中清空已删除文件或文件夹的方法如下。

方法一：右击回收站窗口的空白处，在弹出的快捷菜单中选择“清空回收站”。

方法二：在菜单栏中选择“文件”→“清空回收站”。

9. 剪贴板的使用

(1) 复制整个屏幕的内容到剪贴板。

首先整理需要复制的整个屏幕内容，按【PrintScreen】键，将整个屏幕的内容作为图像全部拷贝到剪贴板上(注意：该操作没有任何提示信息)，再从剪贴板中粘贴信息。

(2) 将当前活动窗口的内容拷贝到剪贴板。

首先切换到需复制的窗口，使之成为活动窗口，按【Alt】+【PrintScreen】组合键，就将活动窗口内容作为图像拷贝到剪贴板上(注意该操作同样没有任何提示信息)，再从剪贴板中粘贴信息。

10．创建快捷方式

在桌面上为文件夹建立一个快捷方式，快捷方式的扩展名为“.LNK”，双击这个快捷方式就可立刻进入文件夹。建立快捷方式的具体操作步骤如下：打开需要创建快捷方式的文件夹，在菜单栏中选择“文件”→“发送到”→“桌面快捷方式”命令，或右键单击选定对象，在弹出的快捷菜单中选择“发送到”→“桌面快捷方式”命令，即可为选定的文件夹建立一个桌面快捷方式。对于一个经常使用的文件或程序，也可以用同样的方法建立桌面快捷方式。

11．设置显示/隐藏文件、文件夹及文件扩展名

(1) 不显示隐藏的文件和文件夹。

如果不希望某些文件或文件夹被别人看到，可以将它们的属性设置为隐藏，然后将其不显示。具体操作步骤如下：右击“计算机”图标，从弹出的快捷菜单中选择“属性”命令，打开文件属性对话框，如图 1.4 所示，点击“工具”菜单项的下拉菜单中“文件夹选项”命令，打开“文件夹选项”对话框，如图 1.5 所示，点击“查看”选项卡，在“高级设置”列表框中选择“隐藏文件和文件夹”项目中的“不显示隐藏的文件和文件夹或驱动器”单选项，单击“确定”按钮，即可完成隐藏文件和文件夹不显示的操作。文件或文件夹设置成只读后，只能打开来读，不能修改。

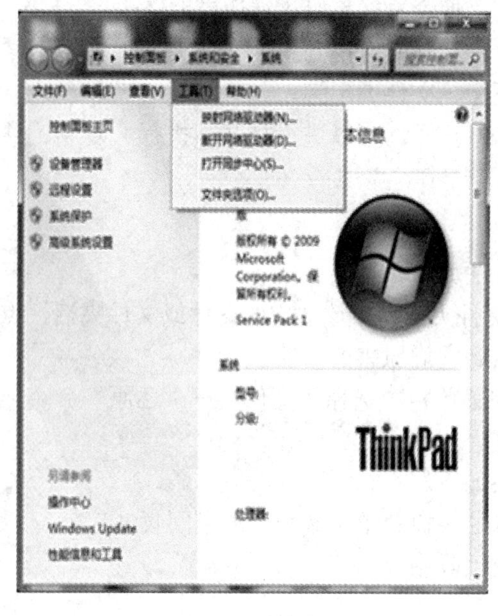

图 1.4　属性对话框

图 1.5　“文件夹选项”对话框

(2) 显示被隐藏的文件和文件夹。

在默认情况下，具有隐藏属性的文件或文件夹是不显示的，如要显示这些文件或文件夹时，可在“文件夹选项”对话框中进行设置。具体操作步骤如下：前面操作相同，当打开“文件夹选项”对话框时，点击“查看”选项卡，在“高级设置”列表框中选择“隐藏文件和文件夹”项目中的“显示隐藏的文件、文件夹和驱动器”单选项，然后单击“确定”按钮，即可完成隐藏文件和文件夹显示的操作，如图 1.6 所示。

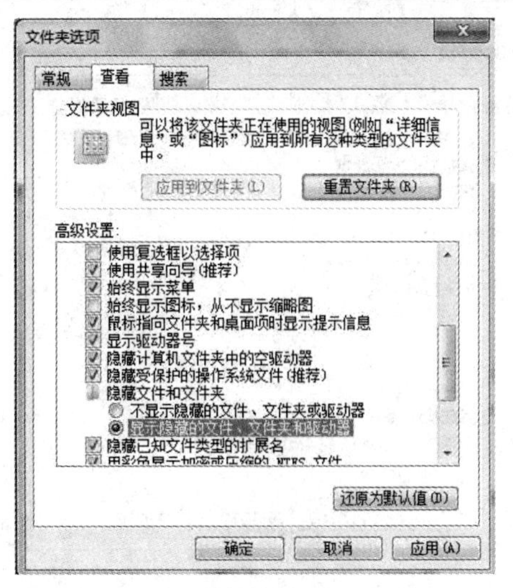

图 1.6 “文件夹选项”对话框

(3) 显示文件的扩展名。

在查看文件时，经常是通过文件的扩展名来识别文件的类型。在默认情况下，若在电脑操作中没有显示文件的扩展名，则显示文件扩展名的具体操作步骤如下：打开“资源管理器”窗口，在左上方点击“组织”，在弹出下拉菜单中选择“文件夹和搜索选项”命令；或者打开图 1.5 所示对话框，在“查看”选项卡下面的“高级设置”列表框里，向下拖动滚动条至最底下。此时看到一个选项“隐藏已知文件类型的扩展名”，点击前面的复选框，确保去掉勾选。然后点击“确定”按钮完成设置，这时所有的文件的扩展名都会显示出来该文件的名字就由一个小圆点隔开，点的后面就是该文件的扩展名。

12．文件或文件夹的压缩和备份

实验操作完成后对文件夹“学号+姓名”压缩打包，压缩文件名与文件夹名相同，然后再将压缩文件保存备份。压缩的具体操作步骤如下：选中需要压缩的文件夹，右键单击文件夹，弹出快捷菜单，如图 1.7 所示；选择“Add to archive...”命令后打开“压缩文件名和参数”对话框，如图 1.8 所示；输入压缩文件的名称，然后可以选择压缩方式、压缩后占用的空间等。如果怕泄漏隐私还可为压缩文件设置密码。“设置密码”按钮在“高级”选项卡中，如图 1.9 所示。压缩文件密码设置好后点击“确定”按钮，即开始压缩。

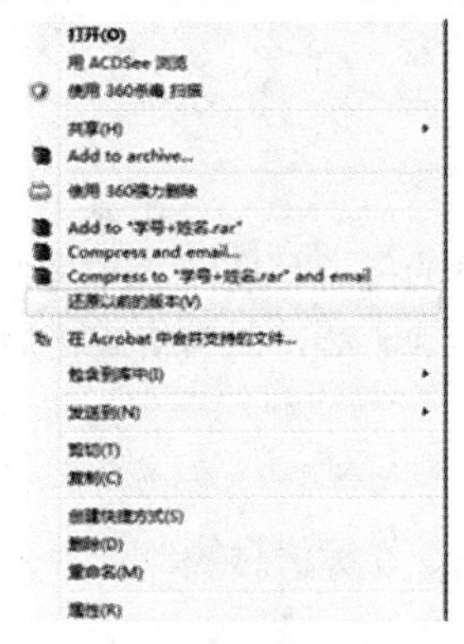

图 1.7 快捷菜单

图 1.8 “压缩文件名和参数”对话框

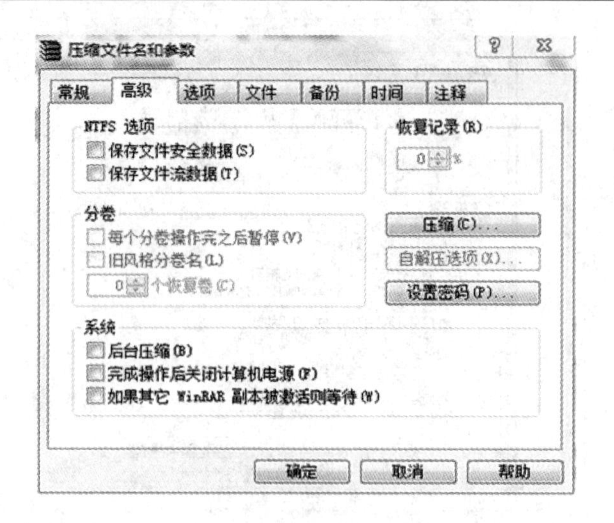

图 1.9　设置密码对话框

1.2　实训二：磁 盘 管 理

磁盘管理是一项计算机使用时的常规任务，可以创建和删除分区、查看磁盘的常规属性、对磁盘进行查错以及查看磁盘硬件信息等。

1.2.1　任务提出

熟练掌握查看磁盘的常规属性、磁盘查错以及查看磁盘硬件信息等操作。

1.2.2　解决方案

在 Windows 7 中将磁盘管理集成到“计算机管理”中，通过鼠标右键单击桌面的“计算机”图标，在弹出的快捷菜单中单击“管理”即可打开“计算机管理”窗口，选择“存储”中的“磁盘管理”，即可打开“磁盘管理”功能。

1.2.3　相关知识

1. 磁盘格式化

磁盘格式化即在磁盘上建立可以存放文件或数据信息的磁道和扇区，并写入各扇区的地址标记。如果要对已使用过的磁盘进行重新格式化，必须小心，磁盘格式化后将清除磁盘上所有信息。

2. 磁盘常规属性

磁盘常规属性包括磁盘的类型、文件系统、空间大小、卷标信息等。

3. 磁盘查错

磁盘查错用来修复由于非法关机或其他原因而可能导致的磁盘文件目录错误或文件损

坏等问题，也可以用来修复由于硬盘使用时间过长而可能出现的硬盘磁道损坏，并能修复相关磁道里面所存储的文件信息，同时将损坏的磁道进行修复或者隔离，对于一般的文件索引之类的错误也可以修复。

4．磁盘碎片

磁盘碎片准确地讲应称为文件碎片，它是由于文件被分散保存到磁盘上的不同地方，而不是连续地保存在磁盘连续的簇内所造成的。简单地说，一切程序对磁盘的读写操作都可能在磁盘中产生碎片，久而久之，磁盘上会累积众多的文件碎片，严重影响系统的性能，造成磁盘空间的浪费，甚至还会减少磁盘的寿命。

5．磁盘清理

磁盘清理是把硬盘上的冗余文件清除掉，提高使用率和速度。在计算机上运行操作系统时，有时 Windows 7 使用用于特定目的的文件时，会将这些文件保留在为临时文件指派的文件夹中或安装不再使用的 Windows 7 组件等，这就需要在不损害任何程序的前提下，减少磁盘中的文件数或创建更多的可用磁盘空间。

1.2.4　实现方法

1．格式化磁盘

格式化磁盘的具体操作步骤如下：在桌面上双击“计算机”图标，打开“计算机”窗口；右击要格式化的盘图标，从快捷菜单中选择“格式化”命令，弹出“格式化”对话框；如图 1.10 所示；在出现的“格式化”对话框中进行设置。一般容量为默认，文件系统根据情况选择，可在卷标文本框内输入卷标名。如用户想提高速度，则可在格式化选项中选中“快速格式化”复选框。格式化完成后将显示摘要信息。

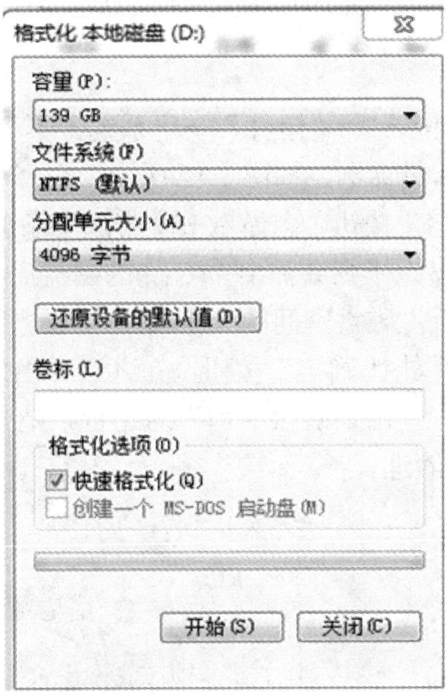

图 1.10　“格式化”对话框

2. 查看磁盘属性

在使用计算机过程中，有时了解计算机磁盘的属性是必要的。安装比较大的软件时，应首先检查各磁盘空间的使用情况，然后才决定将软件安装在哪块盘上。一般是将系统软件安装在本地C盘，其他软件安装在D盘，数据存放在E盘等。查看磁盘常规属性的具体操作步骤如下：双击“计算机”图标，打开“计算机”对话框；右击要查看属性的磁盘图标，在弹出的快捷菜单中选择“属性”命令，打开“磁盘属性”对话框；选择“常规”选项卡，如图1.11所示。在该选项卡中，用户可以在最上面的文本框中键入该磁盘的卷标；在该选项卡的中部显示了该磁盘的类型、文件系统、已用空间及可用空间等信息；在该选项卡的下部显示了该磁盘的容量，并用饼图的形式显示了已用空间和可用空间的比例信息。

图 1.11　磁盘属性对话框

3. 磁盘清理

单击“开始”→“所有程序”→“附件”→“系统工具”，选择“磁盘清理”命令，打开“磁盘清理：驱动器选择”对话框，如图1.12所示，选择要进行清理的驱动器，在此使用默认选择“C:”。单击“确定”按钮，会显示一个带进度条的计算C盘上释放空间大小的对话框，如图1.13所示。计算完毕则会弹出“(C：)的磁盘清理”对话框，其中显示系统清理出的建议删除的文件及其所占磁盘空间的大小 。在“要删除的文件”列表框中选中要删除的文件，如图1.14所示。单击“确定”按钮，在之后弹出的“磁盘清理”确认删除对话框中单击“删除文件”按钮，弹出“磁盘清理”对话框，清理完毕，该对话框自动消失。依次对C、D、E各磁盘进行清理。

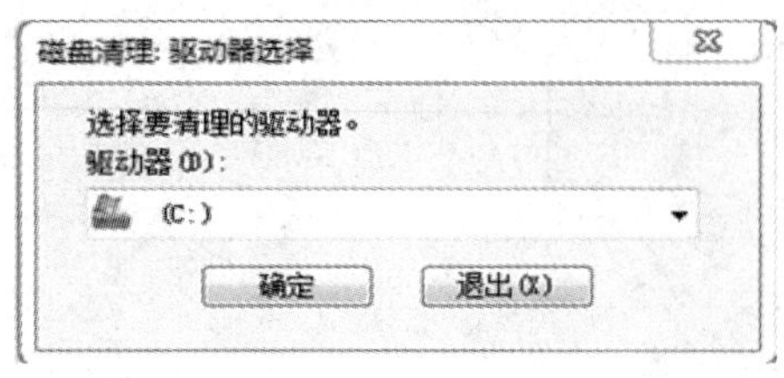

图 1.12　“磁盘清理：驱动器选择”对话框

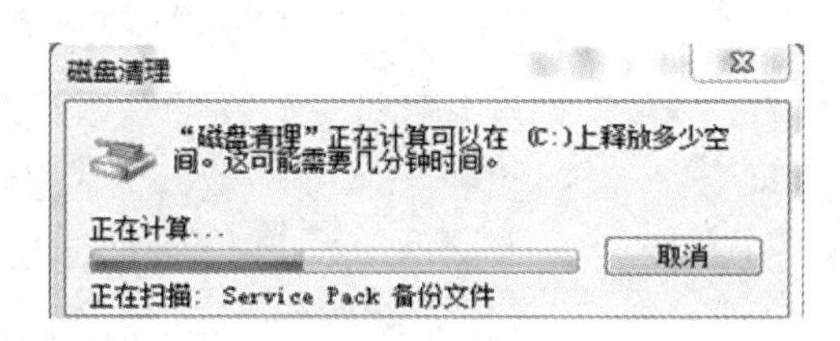

图 1.13　“磁盘清理”计算释放空间进度条对话框

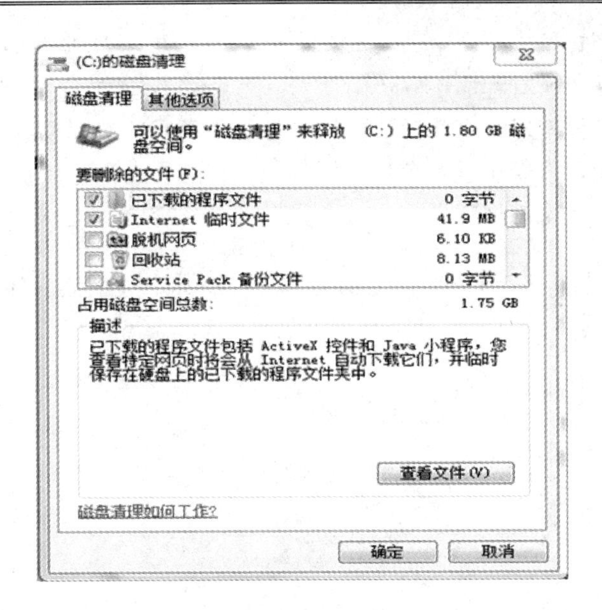

图 1.14　“(C：)的磁盘清理”对话框

4．磁盘查错

用户在频繁进行文件的移动、复制、删除及安装、删除程序等操作后，可能会出现坏的磁盘扇区，这时可执行磁盘查错程序以修复文件系统的错误、恢复坏扇区等。执行磁盘查错的具体操作步骤如下：双击“计算机”图标，打开“计算机”对话框；右击要进行磁盘查错的磁盘图标，在弹出的快捷菜单中选择“属性”命令；打开“磁盘属性”对话框，选择“工具”选项卡，如图 1.15 所示，在该选项卡中有“查错”和“碎片整理”两个选项组；单击“查错”选项组中的“开始检查”按钮，弹出“检查磁盘”对话框，如图 1.16 所示；单击“开始”按钮即可开始磁盘检查。

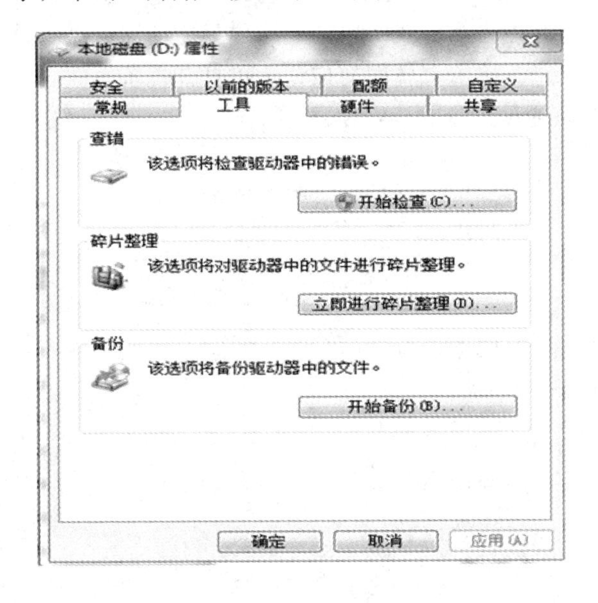

图 1.15　“磁盘属性”对话框

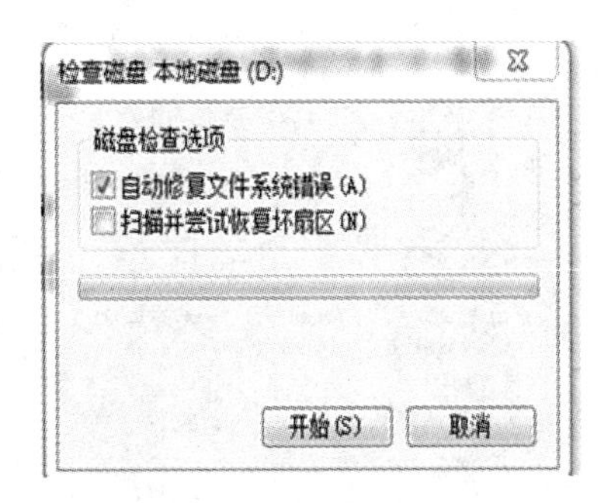

图 1.16　“检查磁盘”对话框

5．整理磁盘碎片

单击“开始”→“所有程序”→“附件”→“系统工具”，选择“磁盘碎片整理程序”命令，显示“磁盘碎片整理程序”对话框，如图 1.17 所示。选择要进行清理的驱动器，单击“分析磁盘”按钮，系统可进行分析，检查是否有必要进行碎片整理。如有必要，则单击“磁盘碎片整理”按钮进行整理。

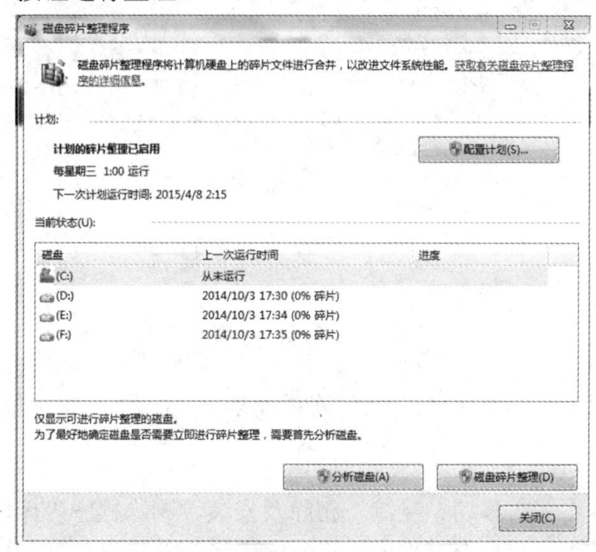

图 1.17 “磁盘碎片整理程序”对话框

6．查看磁盘硬件信息

若用户要查看磁盘的硬件信息，则具体操作步骤如下：双击“计算机”图标，打开“计算机”对话框，右击要进行磁盘查看的磁盘图标，在弹出的快捷菜单中选择“属性”命令；打开“磁盘属性”对话框，选择“硬件”选项卡，如图 1.18 所示，在该选项卡中的“所有磁盘驱动器”列表框中显示了计算机中的所有磁盘驱动器；单击某一磁盘驱动器，在“设备属性”选项组中即可看到关于该设备的信息，单击“属性”按钮，可打开设备属性对话框，如图 1.19 所示，在该对话框中显示了该磁盘设备的详细信息。

图 1.18 “磁盘属性”对话框

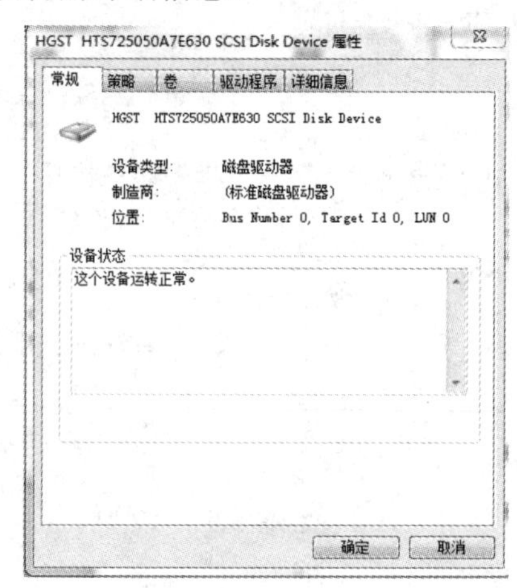

图 1.19 设备属性对话框

1.3 实训三：控制面板与系统维护

“控制面板”是Windows 7控制计算机性能的主要场所。通过“控制面板”可以对各种系统、硬件等进行设置。例如：可以对桌面的颜色、字体、图案等进行选择或设置，对系统硬件设备的配置进行修改，对键盘、鼠标、打印机等设备进行设置，还可以对系统的时间、声音等进行设置。

1.3.1 任务提出

熟练掌握将计算机系统合理设置、添加/删除软件、添加新用户、设置密码等操作，并能快速地排除系统故障等。

1.3.2 解决方案

利用控制面板将计算机系统设置得符合个性化需求，并添加/删除软件，添加新用户，设置密码等。

1.3.3 相关知识

1. 控制面板

控制面板是 Windows 7 图形用户界面的一部分，可通过“开始”菜单访问，允许用户查看并操作基本的系统设置和控制，是一组管理系统的设置工具。比如添加硬件、添加/删除软件、控制用户帐户、外观和个性化设置等。Windows 7 提供了“分类视图”和“图标视图”两种控制面板界面。其中，“图标视图”有两种显示方式：大图标和小图标。“分类视图”允许打开父项并对各个子项进行设置。在“图标视图”中能够更直观地看到计算机可以采用的各种设置。

2. 屏幕保护

屏幕保护是为了保护显示器而设计的一种专门的程序。当时设计的初衷是为了防止电脑因无人操作而使显示器长时间显示同一个画面，导致老化而缩短显示器寿命。另外，虽然屏幕保护并不是专门为省电而设计的，但一般 Windows 7 下的屏幕保护程序都比较暗，大幅度降低屏幕亮度，有一定的省电作用。

3. 帐户管理

Windows 7 支持多用户管理，多个用户可以共享一台计算机，并且可以为每一个用户创建一个用户帐户以及为每个用户配置独立的用户文件，从而使得每个用户登录计算机时，都可以进行个性化的环境设置。

4. 屏幕分辨率

屏幕分辨率是指屏幕上显示的文本和图像的清晰度。分辨率越高，项目越清楚，同时屏幕上的项目越小，因此屏幕可以容纳的项目越多。分辨率越低，在屏幕上显示的项目越少，但尺寸越大。

1.3.4 实现方法

1. 打开控制面板

方法一：单击“开始”→“控制面板”，即可进入控制面板界面，如图 1.20 所示。

图 1.20 控制面板“类别”窗口

方法二：单击“开始”菜单，在搜索框中键入“控制面板”，此时“开始”菜单会显示搜索结果，用鼠标点击搜索结果中的“控制面板”即可打开控制面板界面。

2. 外观和个性化设置

(1) 更改主题：打开“控制面板”窗口，单击“外观和个性化”链接，显示“外观和个性化”设置窗口，可以看到更多详细设置项目；单击“个性化”中的“更改主题”，在之后显示的主题列表中选择不同的主题，即可完成主题更改操作，如图 1.21 所示。

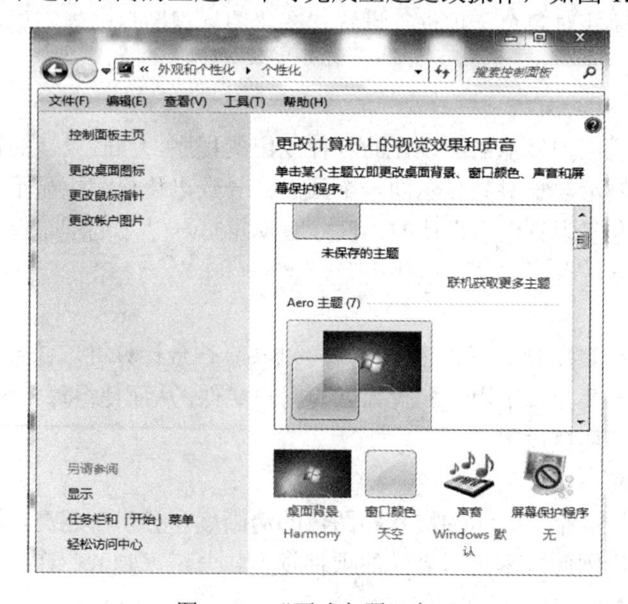

图 1.21 “更改主题”窗口

(2) 更改桌面背景：在桌面空白处单击鼠标右键，在弹出的快捷菜单中选择“个性化”命令，打开“个性化”设置窗口，选择窗口下方的“桌面背景”图标，显示如图1.22所示的“桌面背景”设置窗口。如果要将多张图片设为桌面背景，在窗口中按下【Ctrl】键，再依次选取多个图片文件，并在“更改图片时间间隔”下拉列表中选择更改间隔。如果希望多张图片无序播放，选中“无序播放”复选框，单击“保存修改”按钮使设置生效。

图1.22 “桌面背景”设置窗口

(3) 更改或设置屏幕保护程序：在桌面空白处单击鼠标右键，在弹出的快捷菜单中选择“个性化”命令，打开“个性化”设置窗口，选择窗口下方的“屏幕保护程序”图标，显示如图1.23所示的“屏幕保护程序设置”窗口。在“屏幕保护程序”区域中，选择需要的屏幕保护程序，然后按“确定”按钮，即可完成更改或设置屏幕保护程序。

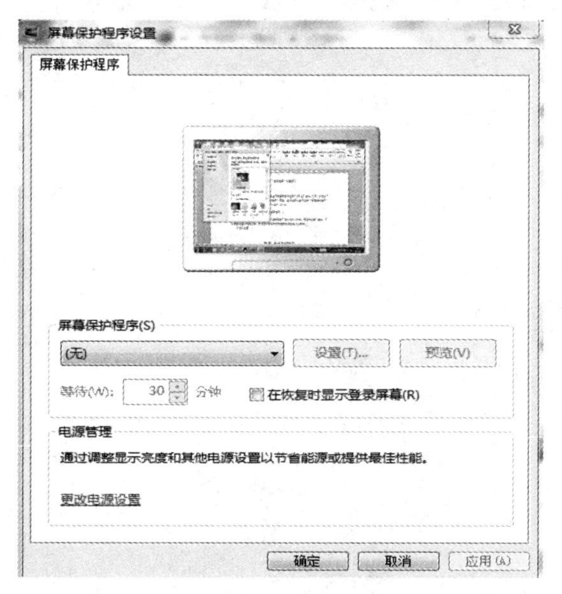

图1.23 “屏幕保护程序设置”窗口

(4) 更改屏幕分辨率：打开“控制面板”窗口，然后在“外观和个性化”下，单击“调整屏幕分辨率”，打开“屏幕分辨率”窗口。单击“分辨率”旁边的下拉列表，将滑块移动到所需的分辨率，然后单击“应用”或“保持”使用新的分辨率，或单击“还原”回到以前的分辨率。如图 1.24 所示。

图 1.24 “屏幕分辨率”窗口

3. 设置日期、时钟和语言

单击“控制面板”窗口中的“时钟、语言和区域”链接，显示如图 1.25 所示的“时钟、语言和区域”窗口。在“日期和时间”链接中，可以设置“时间和日期”；在“区域和语言”链接中，可以完成“更改显示语言”和“更改键盘或其他输入法”的操作等。

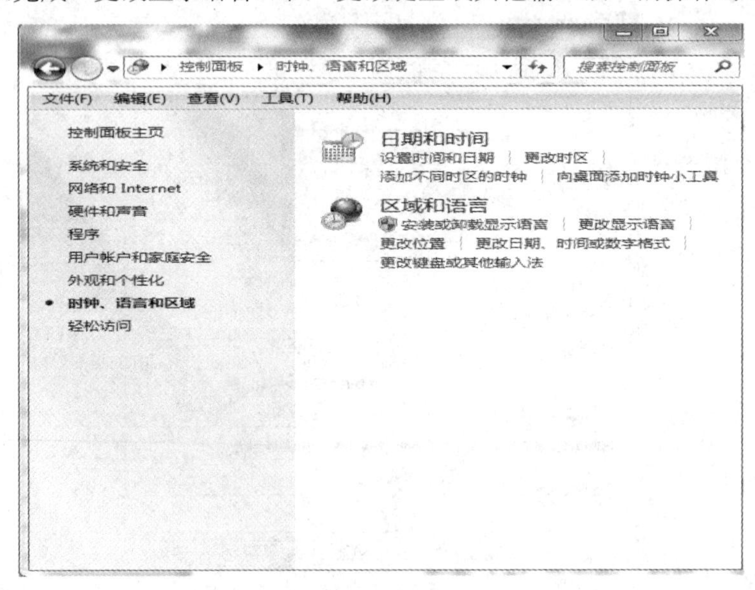

图 1.25 “时钟、语言和区域”窗口

4．添加/删除软件

方法一：单击“控制面板”窗口中的“程序”链接，打开如图 1.26 所示的“程序和功能”窗口，即可实现卸载或修复安装的程序。

方法二：打开“计算机”，在上方找到“卸载或更改程序”，也能打开相同的窗口，可以实现卸载或修复安装的程序。

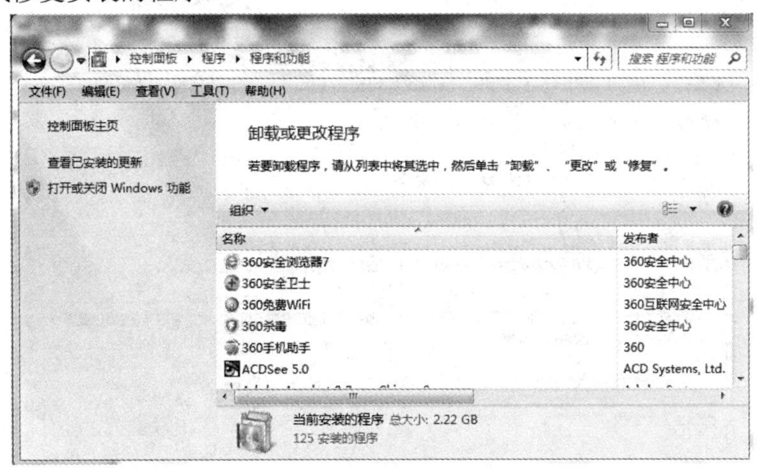

图 1.26　“程序和功能”窗口

5．添加/删除中文输入法

用鼠标右键单击任务栏上的输入法图标，选择“设置”，弹出“文字服务和输入语言”窗口。如图 1.27 所示，在“已安装服务”中列出的是已经安装的输入法。单击“添加”按钮，弹出“添加输入法”的对话框。单击输入法右端向下的小箭头，出现一个下拉菜单，下拉菜单内列出的是 Windows 7 系统所提供的所有输入法。用鼠标左键单击选中要安装的输入法后，单击“确定”按钮。再返回“文字服务和输入语言”窗口，选择的输入法被添加到对话框内，但这时并没有真正被添加在系统内，单击“应用”或“确定”按钮确认添加的输入法，这时系统提示将带有 Windows 7 操作系统的光盘放入光驱内。把光盘放入光驱后，单击“确定”按钮，系统开始复制文件，文件复制完成后输入法的安装也就完成了。

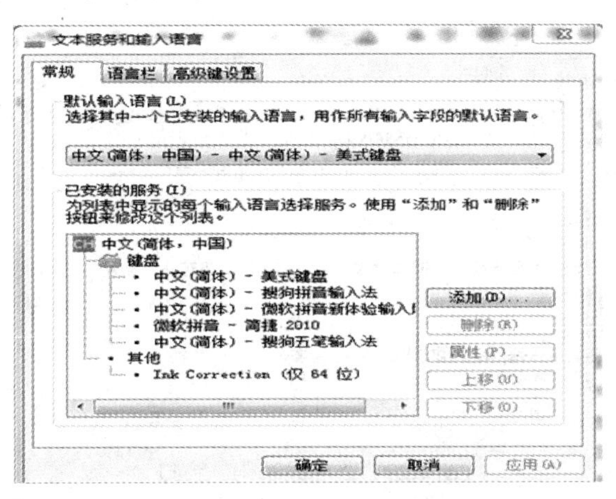

图 1.27　“文字服务和输入语言”窗口

6. 添加新用户和更改帐户密码

(1) 添加新用户：打开“开始”菜单，选择“控制面板”，打开“控制面板”界面；单击“用户帐户”后，进入“用户帐户”窗口，选择“管理其它帐户”；点击下面的“创建一个新帐户”，在弹出的“创建新帐户”界面设置新帐户的名称，写完后点击“创建帐户”，创建完成。如图 1.28 所示。

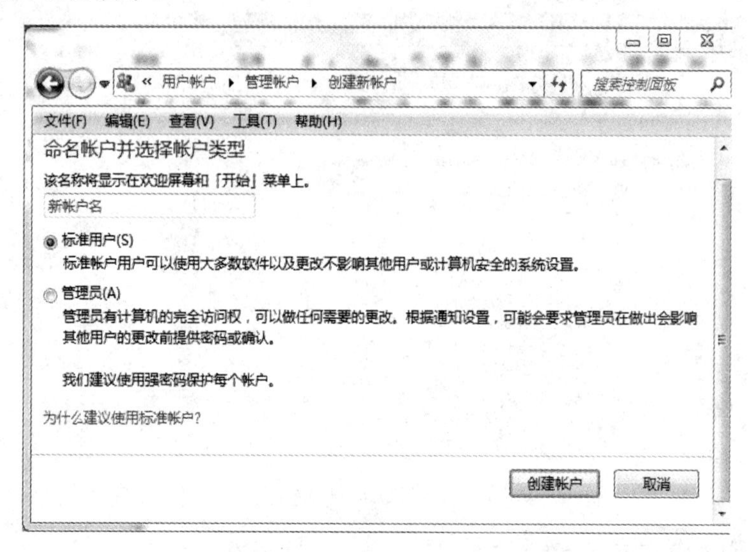

图 1.28 “创建新帐户”窗口

(2) 更改帐户密码：打开“控制面板”界面，单击“用户帐户”后，进入“用户帐户”主页窗口；单击自己的帐户，屏幕显示更改项目命令组，选择“更改密码”命令，按不同的屏幕提示完成操作，如图 1.29 所示。

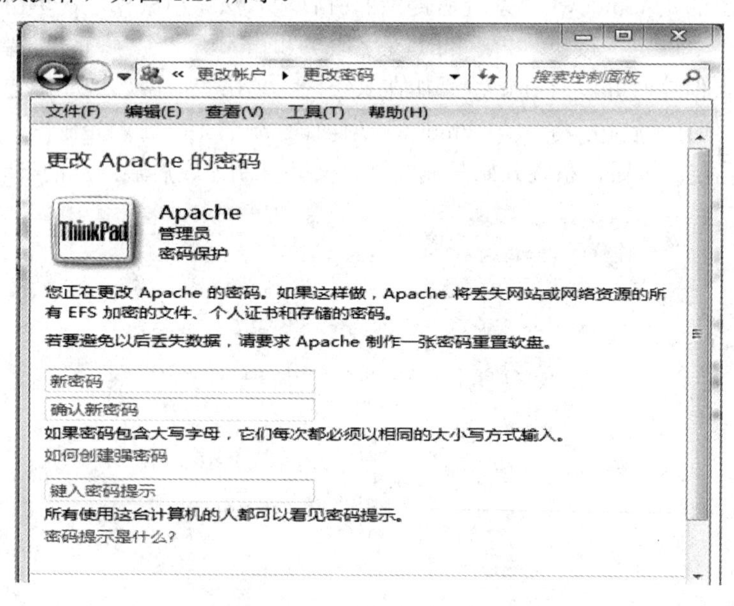

图 1.29 “更改密码”窗口

第 2 章　Word 2010 字处理软件

Word 2010 字处理软件是进行文字处理、表格制作和图文混排的综合办公自动化软件，也是图片、图表处理、信函、学术论文、简历、新闻简报和报告等编辑的重要排版工具，在实际应用中非常广泛。因此不仅要掌握 Word 2010 的基本操作，还应全面地掌握好 Word 2010 的操作技能。

2.1　实训一：求 职 简 历

本节以制作求职简历为例，介绍 Word 2010 文字处理软件的基本功能，包括字符格式化设置、段落格式化设置、表格制作、图片插入等。

2.1.1　任务提出

按照效果图的格式制作漂亮的求职简历，效果图中的求职简历内容只是一个示例，实际操作中简历内容可根据自己的实际情况填写。封面最好用图片或艺术字进行点缀，再根据自荐书的内容调整字体、字号及行间距、段间距，最后设计包括基本情况、联系方式、受教育情况等内容的个人简历，照片可自选。制作后的效果图如图 2.1 所示，并以文件名为“求职简历.docx”存入盘中。

个 人 简 历

姓名	张三	性别	男	出生年月	1990. 2	
籍贯	北京	民族	汉	政治面貌	团员	
专业	通信工程	学制	四年	所属学校	桂林电子科技大学	
身高	170cm	体重	60Kg	身体状况	良好	
联系方式	学校地址：广西桂林市金鸡路，邮编：541004 家庭地址：北京市区上海路 103 巷 24 号					
评优受奖情况	☆在中学年年被评为“三好学生”。 ☆在全市英语口语大赛中获二等奖。					
个人爱好特长	🕮喜欢看各类小说和书籍。 🕮擅长羽毛球，国家二级运动员。					
外语种类	☑英语□日语□俄语□法语□其他					
计算机能力	■一般操作●■具有二级能力■具有三级能力■熟悉网页设计					
其他能力						
专业学习情况						

自　荐　书

尊敬的领导：

您好！

首先衷心感谢您在百忙之中抽出宝贵的时间来阅读我的自荐书。

我是桂林电子科技大学××××学院××××届的一名毕业生，所学专业是××。在面临择业之际，我怀着一颗赤诚的心和对事业的执着追求，真诚地推荐自己。并且以社会对人才的需求为导向，使自己向应用型人才的方向发展。在课余时间，我还进行了一些知识储备和技能训练，自学了××等知识，努力使自身适应社会需求。

我性格开朗、自信，为人真诚，善于与人交流，踏实肯干，责任心很强，具有良好的敬业精神，并敢于接受具有挑战性的工作。一个人只有不断地培养自身能力，提高专业素质，拓展内在潜能，才能更好地完善自己、充实自己，更好地服务于社会。不是所有的事情都要靠"聪明"才能完成，成功更青睐于勤奋、执着、脚踏实地的人。

也许在众多的求职者中，我不是最好的，但我可能是最合适的。"自强不息"是我的追求，"脚踏实地"是我做人的原则，我相信我有足够的能力面对今后工作中的各种挑战，真诚希望您能给我一个机会来证明我的实力，我将以优秀的业绩来答谢您的选择！

此致

敬礼！

自荐人：×××

2015年4月8日星期三

图 2.1　制作后的效果图

2.1.2　解决方案

首先为简历设计一张漂亮的封面；接下来制作自荐书，要根据自荐书的内容多少，适当调整字体、字号及行间距等，使自荐书的内容在页面中分布合理；最后设计自己的个人简历，包括基本情况、联系方式等内容。

2.1.3　相关知识

1. 字符及段落的格式化

(1) 字符格式化包括对各种字符的字体、字形、颜色、大小、字符间距及文字效果等进行定义。

(2) 段落格式化包括对段落的对齐方式、缩进方式、行间距及段间距等进行定义。

2. 表格的制作

Word 2010 的表格由水平行和垂直列组成。行和列交叉成的矩形部分称为单元格。

编辑表格分为两种：一是以表格为对象的编辑，如表格的移动、缩放、合并和拆分等；二是以单元格为对象的编辑，如选定单元格区域、单元格的插入、删除、移动和复制、单元格的合并和拆分、单元格的高度、单元格中对象的对齐方式等。

3. 制表位

制表位是一个对齐文本的有力工具，指在水平标尺上的位置，能让文字向右移动一个特定的距离，并能非常精确地对齐文本。

4. 文档视图

文档视图是当使用 Word 2010 编辑文档时，用不同的方式来查看文档的编辑效果。Word 2010 提供了几种不同的查看方式(即 Word 2010 的视图方式)来满足用户不同的需要。Word 2010 提供了 5 种常用的视图方式：页面视图、Web 版式、阅读版式、大纲视图和草稿视图。

5. 文本框

文本框是 Word 2010 中可以移动、可调大小的一种文字或图形容器。使用文本框可以将文字或图形放置在页面中的任意位置，在一页上可以放置数个文本框。文本框也属于一种图形对象，可以为文本框设置各种边框格式、选择填充色、添加阴影，也可为放置在文本框内的文字设置字体格式和段落格式。

6. 打印预览

对文档进行打印设置后，可以通过“打印预览”来预先在屏幕上查看即将打印的文档的打印效果，如果满意，就可以打印。

2.1.4 实现方法

1. 启动 Word 2010 字处理软件

方法一：单击“开始”→“所有程序”→“Microsoft Office”→“Microsoft Word 2010”。

方法二：双击桌面上已建立的 Word 2010 快捷方式图标。

方法三：双击已建立的 Word 2010 文档。如图 2.2 所示。

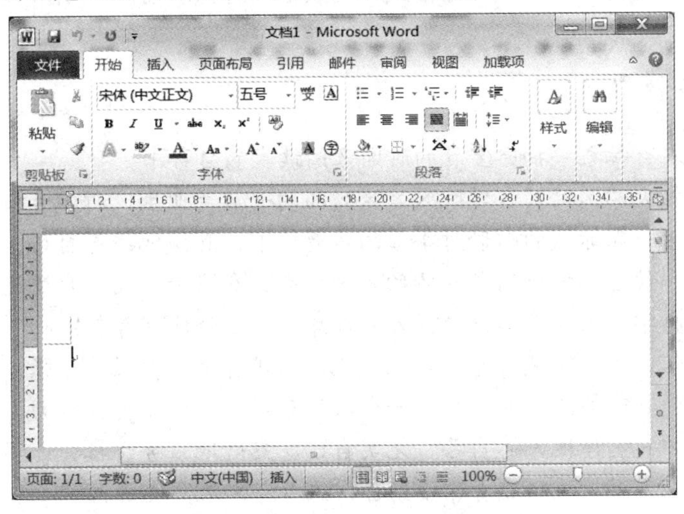

图 2.2　Word 2010 的主控窗口

2. Word 2010 文档的建立

新建 Word 2010 文档“求职简历.docx”，并保存在 D 盘，操作步骤如下：启动 Word 2010 字处理软件后，单击“文件”菜单中的“另存为”命令，出现“另存为”对话框，如图 2.3 所示，在“文件名(N):”框中输入文件名“求职简历”后，选择目标驱动器“D 盘”，单击“保存”按钮，Word 在保存文档时自动增加扩展名“.docx”。

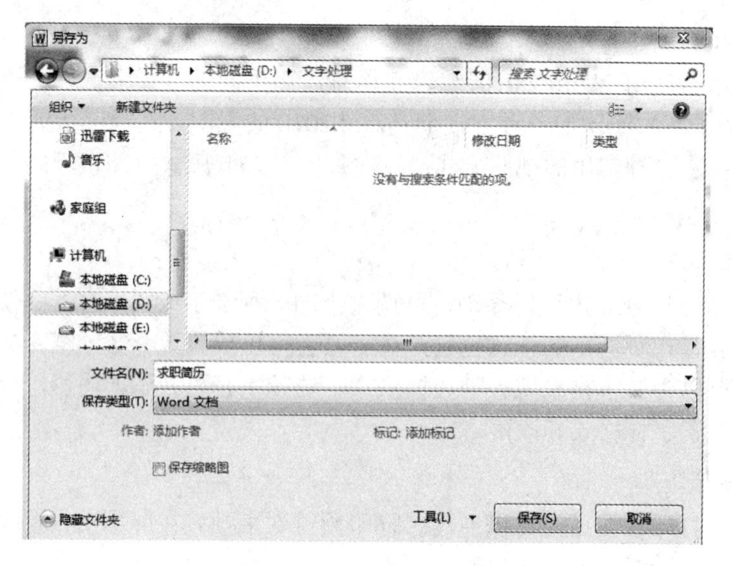

图 2.3 “另存为”对话框

3. 输入“自荐书”的内容

启动中文输入法，输入如下“自荐书”内容，具体操作步骤如下：顶格输入文字“自荐书”，按【Enter】键结束当前段落，同样方法输入其他内容，内容中“xx”用自己所学的专业名称代替，“自荐人：xxx”中的“xxx”用自己的名字代替。按【Enter】键后，选择“插入”选项卡的“文本”组的“日期和时间”命令按钮，打开“日期和时间”对话框，选中“自动更新”复选框，在“可用格式”列表框中选择所需的日期格式。

自荐书

尊敬的领导：

您好！

首先衷心感谢您在百忙之中抽出宝贵的时间来阅读我的自荐书。

我是桂林电子科技大学××××学院××××届的一名毕业生，所学专业是××。在面临择业之际，我怀着一颗赤诚的心和对事业的执着追求，真诚地推荐自己。并且以社会对人才的需求为向导，使自己向应用型人才的方向发展。在课余时间，我还进行了一些知识储备和技能训练，自学了××等知识，努力使自身适应当今社会需求。

我性格开朗、自信，为人真诚，善于与人交流，踏实肯干，责任心很强，具有良好的敬业精神，并敢于接受具有挑战性的工作。一个人只有不断地培养自身能力，提高专业素质，拓展内在潜能，才能更好地完善自己、充实自己，更好地服务于社会。不是所有的事情都要靠“聪明”才能完成，成功更青睐于勤奋、执着、脚踏实地的人。

也许在众多的求职者中，我不是最好的，但我可能是最合适的。“自强不息”是我的追求，“脚踏实地”是我做人的原则，我相信我有足够的能力面对今后工作中的各种挑战，真诚希望您能给我一个机会来证明我的实力，我将以优秀的业绩来答谢您的选择！

此致

敬礼！

自荐人：×××

4. “自荐书”的字符格式化

(1) 选定要设置的标题文本“自荐书”，选择“开始”选项卡的“字体”组中选择“华文新魏”，字号选择“一号”，单击“加粗”按钮和“居中”按钮。

(2) 选定“自荐书”并单击鼠标右键，在弹出的快捷菜单中选择“字体”命令，打开“字体”对话框。在“字符间距”区域内，在“间距”下拉列表框中选择“加宽”，在对应的“磅值”数字框内输入“12 磅”。

(3) 将“尊敬的领导:”设置为“幼圆，五号”；选择“尊敬的领导”，然后单击“开始”选项卡的“格式刷”命令按钮，当鼠标指针变成格式刷形状时，选择目标文本“自荐人：×××”和“××××年××月××日”，同时“格式刷”按钮自动弹起。

(4) 选定正文段落，选择“开始”选项卡的“段落”组，打开“段落”对话框，如图 2.4 所示选择“缩进和间距”选项卡。在“常规”区域内，在“对齐方式”下拉列表框中选择“两端对齐”；在“缩进”区域中的“特殊格式”下拉列表框中选择缩进类型为“首行缩进”，在“磅值”数字框中显示“2 字符”；在“间距”区域内，在“行距”下拉列表框中选择“固定值”，在“设置值”数字框中输入“16 磅”。

(5) 将插入点置于正文“敬礼!”中的任意位置，向左拖动标尺上的“首行缩进”标记到与“左缩进”重叠处，释放鼠标。选定最后两段，单击“开始”选项卡的“段落”组中“右对齐”命令按钮，再将插入点置于“自荐人：×××”所在段落中的任意位置，单击鼠标右键，在弹出的快捷菜单中选择“段落”命令，打开“段落”对话框，如图 2.4 所示，选择“缩进和间距”选项卡，在“间距”区域内的“段前”数字框内输入“20 磅”。

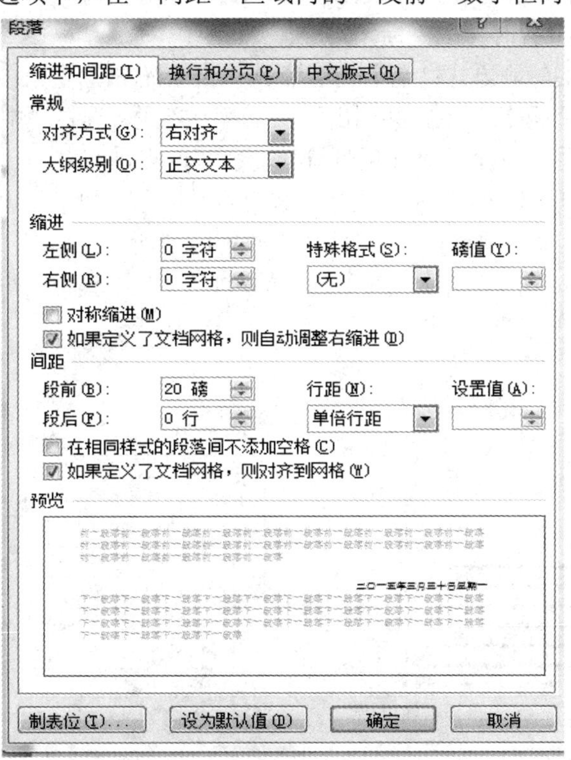

图 2.4　“段落”对话框

5．制作“个人简历”表格

(1) 制作表格标题：将插入点定位到文档的最后面，选择“页面布局”选项卡的“页面设置”组中选择“分隔符”命令按钮，选择“下一页”。并将光标定位于新的一页，输入文字“个人简历”，并以“自荐书”的格式作为样板格式，如选定“自荐书”，用“格式刷”复制选定格式到“个人简历”。

(2) 创建表格：选择“插入”选项卡的“表格”组中的“绘制表格”，其中的“绘制表格”按钮同时被激活，鼠标指针变为铅笔形状。在标题行下面左上角的位置按住鼠标左键并拖动至页面右下角时释放鼠标左键，这时拉出与页面大小相匹配的矩形框。在矩形框内，绘制出如样图 2.1 所示的水平直线和垂直线。

(3) 合并单元格：选择第 7 列中的 1～4 行单元格，选择“布局”选项卡的“合并”组中“合并单元格”命令按钮，即可合并单元格。然后在合并的单元格中选择“插入”选项卡的“插图”组的“图片”命令按钮，打开“插入图片”对话框，在“插入图片”对话框中找到并打开指定图片的文件夹，插入所需的图片。

(4) 设置底纹：选择“页面布局”选项卡的“页面背景”组中“页面边框”命令按钮，打开“边框和底纹”对话框，单击“底纹”选项卡，在填充区域中选“白色，背景 1，深色 35%”作为“个人简历”表中字段名的底纹。输入相应的文字，根据样张“个人简历”表将表格补充完整。

(5) 调整单元格的宽度或高度：将鼠标指针停留在需要调整的单元格的边框线上，直到指针变为左右或上下双箭头时拖动边框，文档窗口里会出现一条垂直或水平虚线，随着鼠标指针移动到合适位置时释放鼠标。

(6) 设置单元格的对齐方式：选定表格第 1～4 行，右击选定“单元格对齐方式”按钮旁的右箭头，弹出对齐按钮列表，共列出了 9 个对齐方式，选择“中部居中”按钮。

(7) 添加项目符号：选定要添加项目符号的段落，点击右键，在快捷菜单中选择“项目符号”命令，在“项目符号”库中选择所需的项目符号。如果发现没有，选择“定义新项目符号”，打开“定义新项目符号”对话框，如图 2.5 所示，单击“符号”命令按钮，打开“符号”对话框，如图 2.6 所示，在所列举的项目符号中选择所需的项目符号。

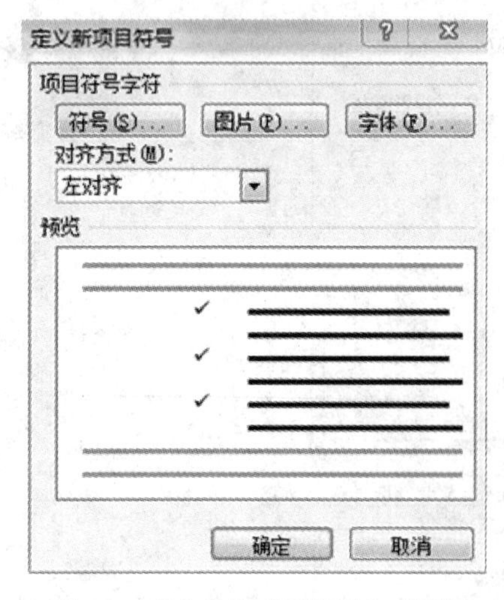

图 2.5　“定义新项目符号”对话框

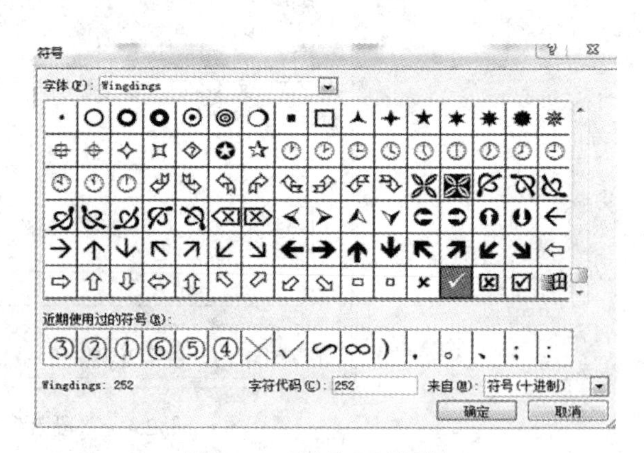

图 2.6　“符号”对话框

(8) 设置行距和段落间距：选择“页面布局”选项卡的“段落”组，打开“段落”对话框，如图 2.7 所示，在“行距”和“间距”区域中，根据样张“个人简历”表进行设置。

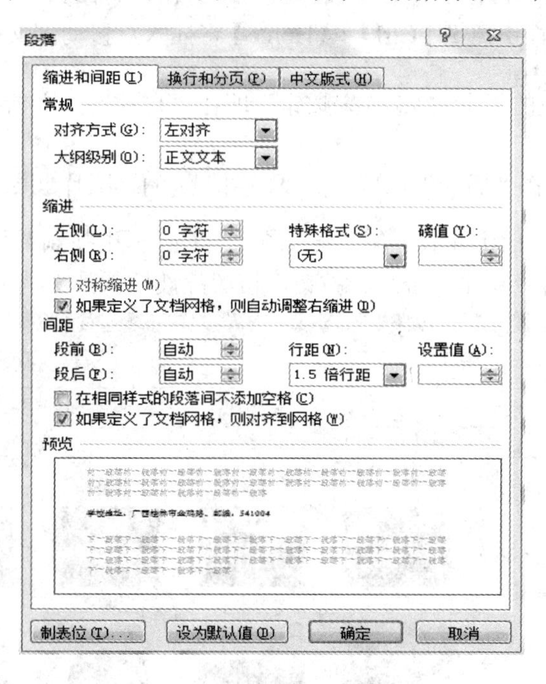

图 2.7　“段落”对话框

(9) 设置文字方向：选择“页面布局”选项卡的“页面设置”组中“文字方向”命令按钮，可对所选的文字方向进行设置。

(10) 设置表格边框：选定整个表格后点击右键，选“表格属性”命令，打开“表格属性”对话框，如图 2.8 所示，单击“边框与底纹”命令按钮，打开“边框与底纹”对话框，如图 2.9 所示，选择“边框”选项卡，将弹出线型“样式”下拉列表框，根据样张“个人简历”表进行设置，宽度为 1.5 磅，确认后在“应用于”下拉列表框中选择“表格”。

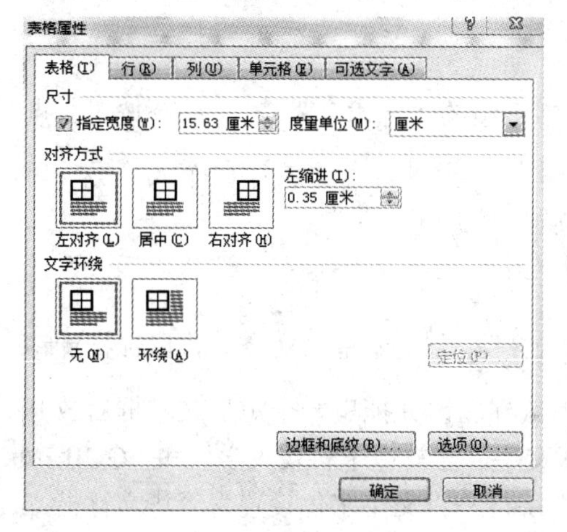

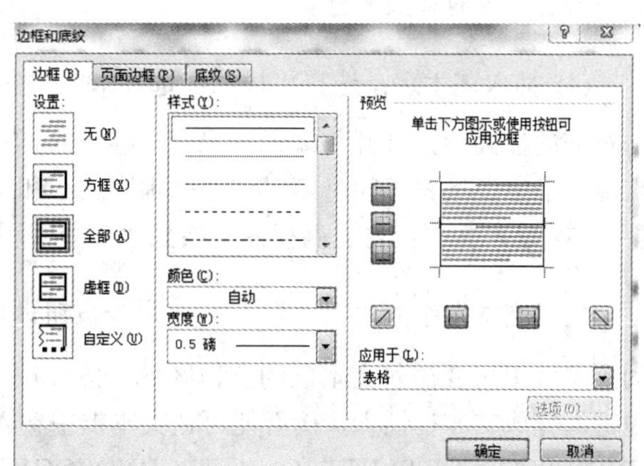

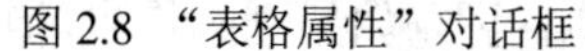

图 2.8　“表格属性”对话框　　　　图 2.9　“边框与底纹”对话框

6．制作“求职简历”封面

(1) 插入封面：在“自荐书”之前插入新的一页作为封面页，具体操作步骤如下：打开“求职简历”文档，按快捷键【Ctrl】+【Home】将插入点移动到文档的开始处，选择“插入”选项卡的“页”组的“空白页” 按钮，即在“自荐书”之前插入了新的一页。

(2) 插入图片：选择“插入”选项卡的“插图”组的“图片” 命令按钮，打开“插入图片”对话框，如图2.10所示，在“插入图片”对话框中找到并打开包含指定图片的文件夹，选择需要的图片，单击“插入”按钮，该图片被插入到文档中。

图2.10 “插入图片”对话框

(3) 调整图片大小和位置：单击图片，在图片周围出现了8个黑色的尺寸控点，将鼠标指针移动到四个角的任意一个控点上，当鼠标指针变成双向箭头时，按住鼠标左键拖到大小合适位置时释放鼠标。

(4) 插入艺术字：选择“插入”选项卡的“文本”组的“艺术字” 命令按钮，点击对应的样式后，打开“编辑艺术字文字”对话框，在对话框中输入文字“个人简历”后点击“确定”按钮，同时可以调整艺术字大小和位置。

(5) 输入文字：将文档视图切换到“页面视图”或“Web版式视图”，选择“插入”选项卡的“文本”组的“文本框” 命令按钮，点击“绘制文本框”命令，将鼠标指针移动到文件中想要插入文本框的空白区域，然后按下鼠标左键并拖曳一个矩形文本框后放开左键即完成文本框插入，接着便可在文本框中输入文字“桂林电子科技大学”和“GUILIN UNIVERSITY OF ELECTRONIC TECHNOLOGY”字符，将文字字体设置为“华文行楷，小二号，黄色加粗”；英文字符设置为“黑体，六号，黄色加粗”。如果刚刚拖曳的矩形太小，可利用该矩形四周的 8 个小方框调整大小；如果想移动文本框，将鼠标移至文本框的四个角落，等鼠标变成十字箭头时按下鼠标左键便可拖曳文本框；如果希望文本框的框线去掉，将鼠标移至文本框边缘，然后按下右键选“设置文本框格式”，打开“设置文本框格式”对话框，如图 2.11 所示，将“颜色和线条”选项卡中线条区的线条颜色设定成“无颜色”，单击“确定”按钮，文本框的外边框消失。

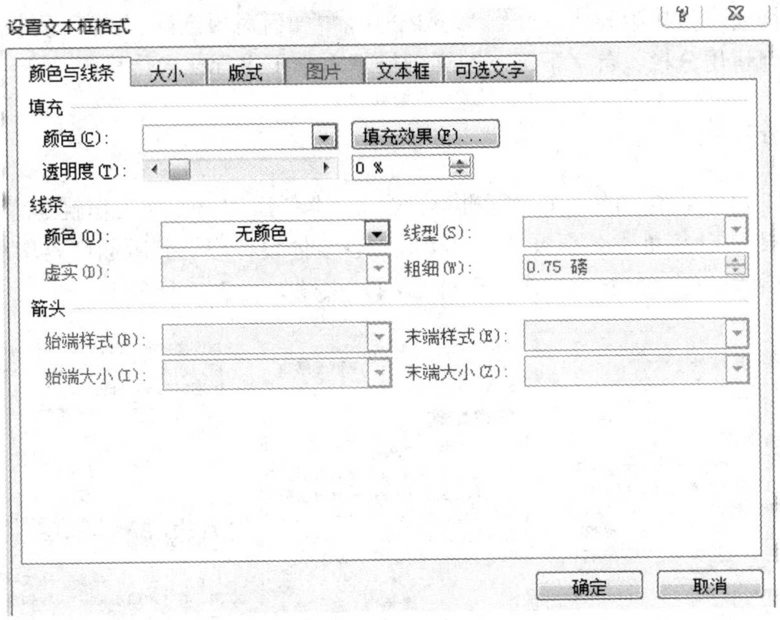

图 2.11　“设置文本框格式”对话框

同样方法，将鼠标指针分别移动到要插入“姓名”和“专业”等文字的空白区域，选择“插入”选项卡的“文本”组的“文本框”命令按钮，在插入点处输入“姓名：”，“专业：”和“电话号码：”，并将文字设置为“隶书，四号，黄色加粗”，再将输入的文字调整到合适位置。将光标置于文字“姓名：”之后，先单击选择“开始”选项卡的“字体”组的“下划线”命令按钮，再输入自己的姓名。用相同的方法输入其他内容。

7. 保存文档

单击“快捷访问工具栏”上的“保存”按钮，保存“求职简历.docx”文档。

8. 打印预览

打开 Word 2010 文档窗口，并依次单击“文件”→“打印”命令。在打开的“打印”窗口右侧预览区域可以查看 Word 2010 文档的打印预览效果，用户所做的纸张方向、页面边距等设置都可以通过预览区域查看效果，并且用户还可以通过调整预览区下面的滑块改变预览视图的大小。

9. 打印文档

在菜单栏中选择“文件”→“打印”命令，根据文档要求进行设置，检查打印纸张是否放好，一切准备就绪后，单击“确定”按钮，开始打印文档。

2.2 实训二：小 报 排 版

宣传小报在日常工作、学习中应用非常广泛，其排版设计应注重版面的整体规划。本节以计算机协会小报排版为例，介绍 Word 2010 中如何对报纸杂志的版面、素材进行规划和分类，如何运用分栏、首字下沉、图文混排等对小报进行艺术化排版设计。

2.2.1 任务提出

小强刚刚担任某学院的学生计算机协会会长，上任后的第一项工作就是想制作一期“计算机协会小报”。计算机协会小报只有一个版面，整体设计应达到版面内容均衡协调、图文并茂、生动活泼、颜色搭配合理等。制作后的效果图如图 2.12 所示。

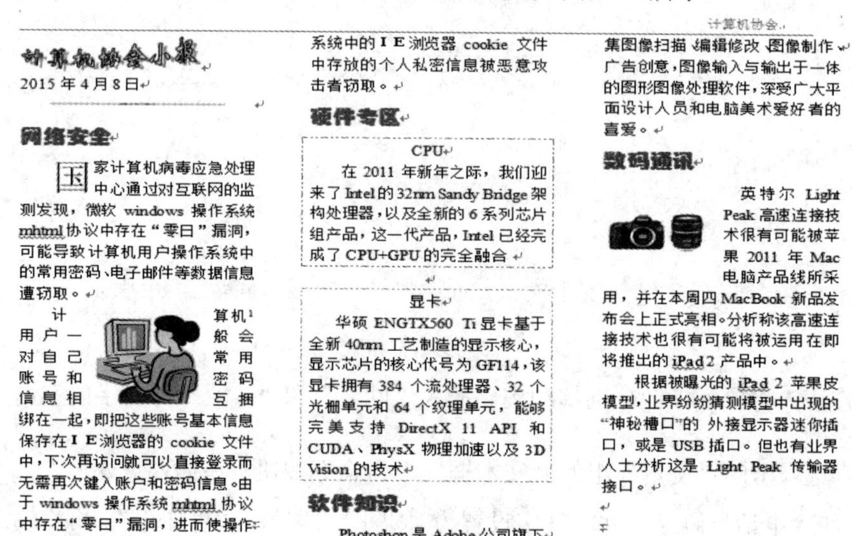

计算机协会

计算机协会小报

2015 年 4 月 8 日

网络安全

国家计算机病毒应急处理中心通过对互联网的监测发现，微软 windows 操作系统 mhtml 协议中存在“零日”漏洞，可能导致计算机用户操作系统中的常用密码、电子邮件等数据信息遭窃取。

计算机用户一般会对自己常用账号和密码信息相互捆绑在一起，即把这些账号基本信息保存在I E浏览器的 cookie 文件中，下次再访问就可以直接登录而无需再次键入账户和密码信息。由于 windows 操作系统 mhtml 协议中存在“零日”漏洞，进而使操作系统中的I E浏览器 cookie 文件中存放的个人私密信息被恶意攻击者窃取。

硬件专区

CPU

在 2011 年新年之际，我们迎来了 Intel 的 32nm Sandy Bridge 架构处理器，以及全新的 6 系列芯片组产品，这一代产品，Intel 已经完成了 CPU+GPU 的完全融合。

显卡

华硕 ENGTX560 Ti 显卡基于全新 40nm 工艺制造的显示核心，显示芯片的核心代号为 GF114，该显卡拥有 384 个流处理器、32 个光栅单元和 64 个纹理单元，能够完美支持 DirectX 11 API 和 CUDA、PhysX 物理加速以及 3D Vision 的技术。

软件知识

Photoshop 是 Adobe 公司旗下集图像扫描、编辑修改、图像制作、广告创意，图像输入与输出于一体的图形图像处理软件，深受广大平面设计人员和电脑美术爱好者的喜爱。

数码通讯

英特尔 Light Peak 高速连接技术很有可能被苹果 2011 年 Mac 电脑产品线所采用，并在本周四 MacBook 新品发布会上正式亮相。分析称该高速连接技术也很有可能将被运用在即将推出的 iPad2 产品中。

根据被曝光的 iPad 2 苹果皮模型，业界纷纷猜测模型中出现的“神秘槽口”的外接显示器迷你插口，或是 USB 插口。但也有业界人士分析这是 Light Peak 传输器接口。

图 2.12　制作后的效果图

2.2.2 解决方案

首先将版面进行宏观设计，再根据版面的条块特点选择一种合适的版面布局方法。

2.2.3 相关知识

1．页面设置

页面设置是指设置版面的纸张大小、页边距、页面方向等参数。

2．分栏

分栏是文档排版中常见的一种版式，在各种报纸和杂志中广泛运用。它使页面在水平方向上分为几个栏，文字是逐栏排列的，填满一栏后才转到下一栏，文档内容分列于不同的栏中，这种分栏方法使页面排版灵活，阅读方便。

3．页眉和页脚

页眉和页脚通常是显示文档的附加信息，常用来插入时间、日期、页码、单位名称、微标等。其中，页眉在页面的顶部，页脚在页面的底部。通常页眉也可以添加文档注释等内容。页眉和页脚也可用作提示信息，特别是其中插入的页码，通过这种方式能够快速定位所要查找的页面。

4．页码

页码用来表示每页在文档中的顺序，可以快速地给文档添加页码，并且页码会随文档内容的增删而自动更新。

5．脚注

脚注是可以附在文章页面的最底端的，对某些东西加以说明，如印在书页下端的注文。

2.2.4 实现方法

1．页面设置

新建文档“计算机小报.docx”，并根据小报的版面要求进行页面设置，操作步骤如下：进入 Word 2010，新建一个空白文档，在“页面布局”选项卡中的“页面设置”组中打开“页面设置”对话框，如图 2.13 所示，在“页面设置”对话框中进行“页边距”的设置：上下边距为“2.5 厘米”，左右边距为“2 厘米”。切换“纸张”选项卡进行“纸张大小”为“A4”的设置。

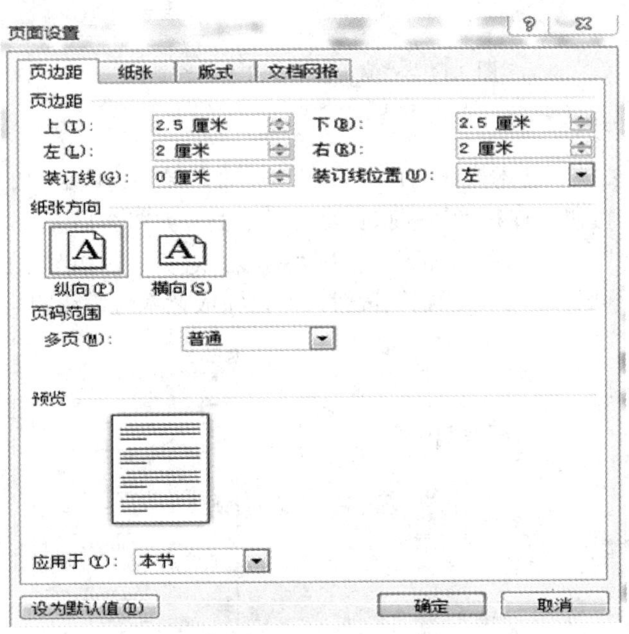

图 2.13 “页面设置”对话框

2．版面布局

根据版面特点，将版面分为三栏，或用表格或文本框进行版面布局，并把相应的文字放入对应的方格中。分栏的操作步骤如下：在“页面布局”选项卡中的“页面设置”组中

选择 分栏 按钮中“三栏”，将文本分成了三栏。

3. 插入艺术字标题

将插入点置于版面左上角报头标题的位置，在“插入”选项卡中的“文本”组中选择 按钮，选中对应的样式后，打开“编辑艺术字文字”对话框，在对话框中输入“计算机协会小报”，如图 2.14 所示，并设置字体为“华文新魏”，字号为“36”，单击“加粗”按钮，并插入日期。

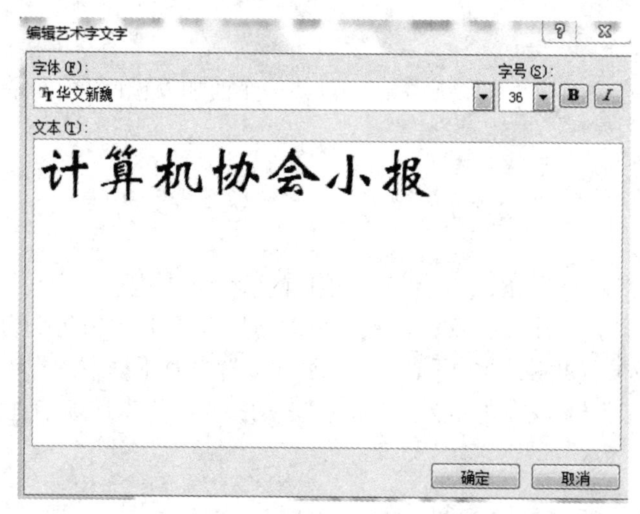

图 2.14 “编辑艺术字文字”对话框

4. 插入艺术化横线

将插入点置于要放置艺术横线的位置，在“页面布局”选项卡中的“页面背景”组中选择页面边框 按钮，打开“边框和底纹”对话框，如图 2.15 所示，在“边框和底纹”对话框中单击“横线”按钮 横线(H)... ，打开“横线”对话框，如图 2.16 所示，在“横线”对话框中找到横线样式，单击“确定”按钮，即可完成艺术化横线的插入。

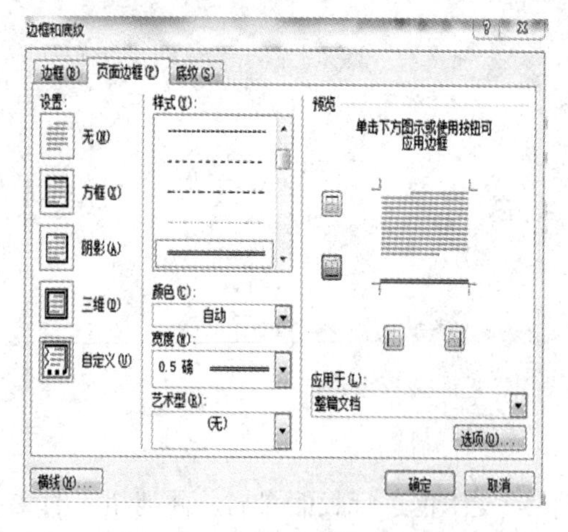

图 2.15 “边框和底纹”对话框

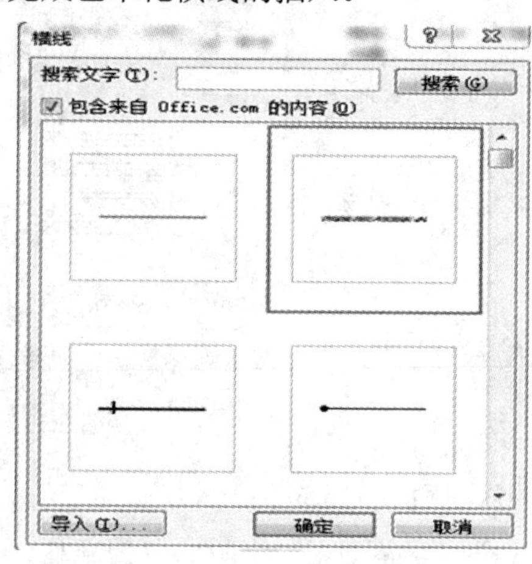

图 2.16 “横线”对话框

5. 小标题格式化

选中“网络安全”文字并在“开始”选项卡的“字体”组中将文字字体设置为“华文琥珀，4号，蓝色加粗”格式。再使用格式刷将文字“硬件专区”、“软件知识”、“数码通讯”设置成相同的格式。同样，再选中“CPU”和“显卡”并将文字字体设置为“华文琥珀，4号，蓝色加粗”格式。

6. 首字下沉

将插入点置于首字下沉的位置，在“插入”选项卡中的“文本”组中选择首字下沉按钮，点击“首字下沉选项”命令，接着打开“首字下沉”对话框，在对话框中进行“位置”和“选项”的设置，如图2.17所示。

7. 插入图片

将插入点置于需要插入图片的位置，在“插入”选项卡的“插图”组中选择剪贴画按钮，打开“剪贴画”对话框，单击对话框中需插入图片的右小三角，选择“插入”命令，如图2.18所示。

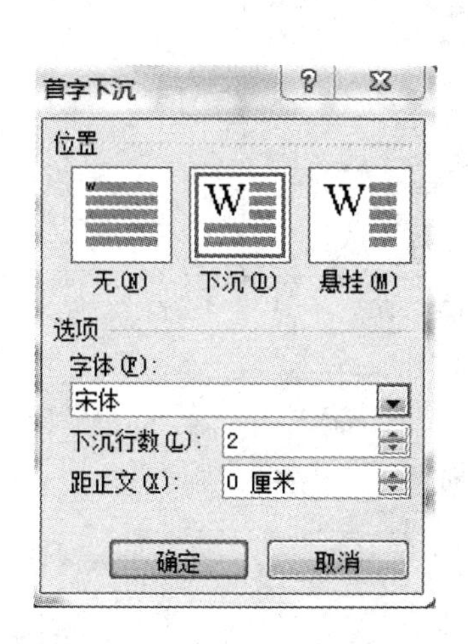

图2.17 “首字下沉”对话框

图2.18 “剪贴画”对话框

8. 编辑图片

选中被插入的图片，在图片周围出现了8个黑色的尺寸控点，将鼠标指针移动到四个角的任意一个控点上，当鼠标指针变成双向箭头时，按住鼠标左键拖到大小合适位置时释放鼠标。鼠标右键单击图片在弹出的快捷菜单上选择“设置图片格式”，打开“设置图片格式”对话框，在对话框“版式”选项卡中选择“四周型”，如图2.19所示，选择“确定”按钮后，再适当调整图片的位置。

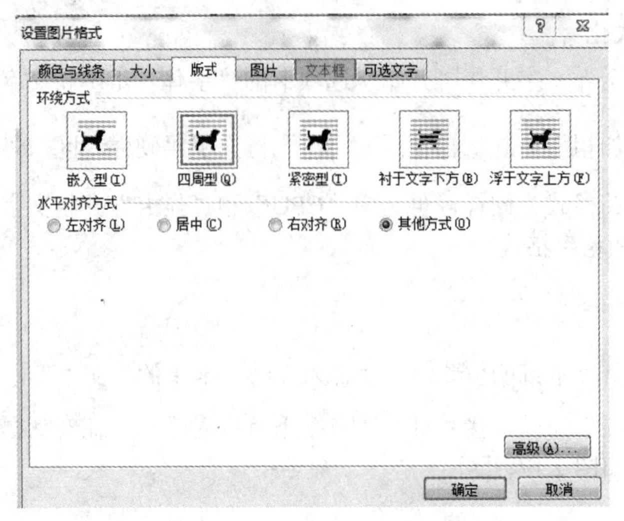

图 2.19 “设置图片格式”对话框

9．添加文字边框

选中需要添加边框的文字，在“页面布局”选项卡中的“页面背景”组中选择 页面边框 按钮，打开“边框和底纹”对话框，然后选择“边框”选项卡，在对话框“边框”选项卡中进行“样式”、“颜色”、“宽度”的设置，如图 2.20 所示。

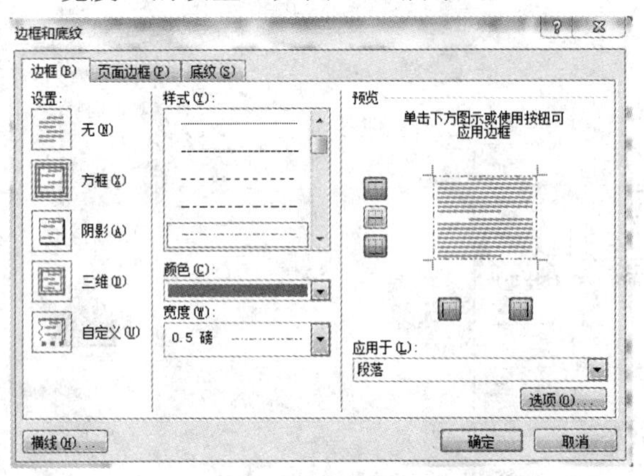

图 2.20 “边框和底纹”对话框

10．插入页眉和页脚

在“插入”选项卡中的“页眉和页脚”组中选择 页眉 按钮，单击“编辑页眉”命令，进入页眉编辑状态，输入文字“计算机协会”，如图 2.21 所示。选择“位置”区域中“插入”对齐方式“选项卡”，打开“对齐制表位”对话框，如图 2.22 所示，在“对齐制表位”对话框中“对齐方式”域中设置为“右对齐”。用相同的操作方法，在“插入”选项卡中的“页眉和页脚”组中选择 页脚 按钮，单击“编辑页脚”命令，进行需要的设置后，即可完成页脚的插入操作。

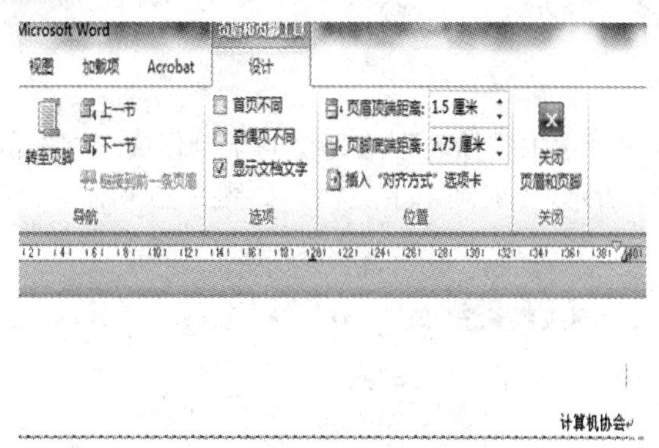

图 2.21　页眉编辑状态图

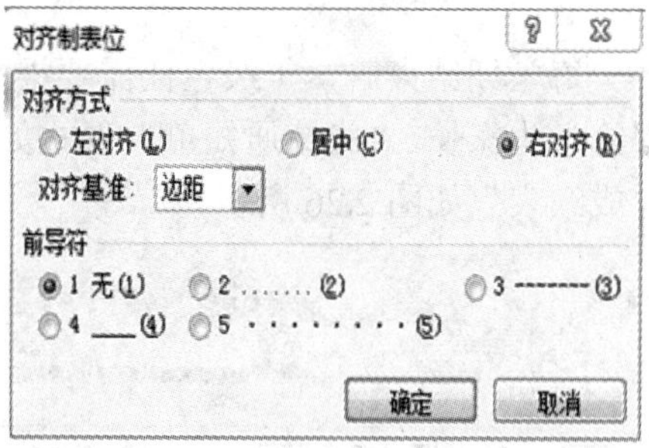

对齐制表位
对齐方式
左对齐(L)　居中(C)　右对齐(R)
对齐基准: 边距
前导符
1 无(1)　2 ....(2)　3 --------(3)
4 ___(4)　5 · · · · · · · · ·(5)
确定　取消

图 2.22　“对齐制表位”对话框

11．添加脚注

在文档中，有时要为某些文本内容添加注解以说明该文本的含义或来源，一般位于每页文档的底端，可以用来对本页的内容进行解释。具体操作步骤如下：将插入点置于需要插入脚注的文字之后，在“引用”选项卡中的“脚注”组中点击 AB¹插入脚注 按钮，打开“脚注和尾注”对话框，在“位置”区域选择“脚注”，在“格式”区域设置编号格式，如图 2.23 所示，单击“插入”按钮，光标自动置于页面底部的脚注编辑位置，输入脚注内容，单击文档编辑窗口任意处，退出脚注编辑状态，完成添加脚注的操作。

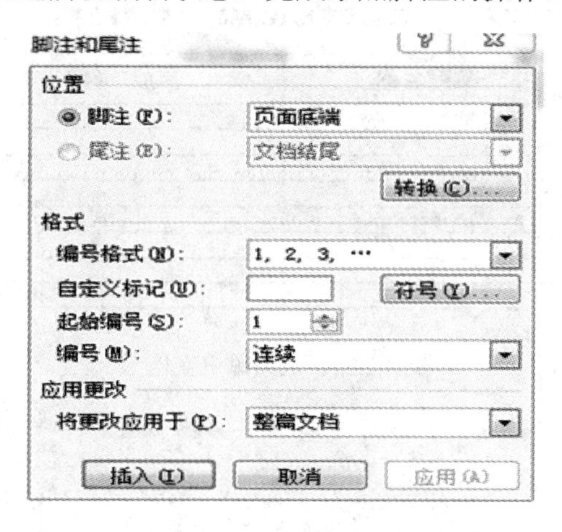

图 2.23　“脚注和尾注”对话框

2.3　实训三：制作成绩单

在实际工作中，学校经常会遇到批量制作成绩单、准考证、录取通知书等情况而企业也经常遇到给众多客户发送会议信函、新年贺卡等情况。这些工作都具有工作量大、重复率高的特点，既容易出错又枯燥乏味。采用 Word 2010 提供的“邮件合并”功能将会巧妙、轻松、快捷地解决这些问题。

2.3.1 任务提出

每学期结束时，年级主任需要根据已有的“学生成绩表”给每个同学制作成绩通知单寄给学生家长，“成绩通知单”形式如图 2.24 所示，“成绩单主文档”如图 2.25 所示，“学生成绩表”如图 2.26 所示。

2009~2010 第二学期成绩通知单

学号: 0800810207　姓名:张艳勤　院系:信息与通信学院　专业:通信工程

课程名称	成　绩
大学计算机基础	78
大学英语	88
高等数学	67
大学物理	54
思想道德修养	88
C语言程序设计	87
体育	87
通信技术	78

图 2.24　成绩通知单

桂林电子科技大学

2009~2010 第二学期成绩通知单

学号:　姓名:　院系:信息与通信学院　专业:通信工程

课程名称	成　绩
大学计算机基础	
大学英语	
高等数学	
大学物理	
思想道德修养	
C语言程序设计	
体育	
通信技术	

图 2.25　成绩单主文档

	A	B	C	D	E	F	G	H	I	J
1	学号	姓名	大学计算机基础	大学英语	高等数学	大学物理	思想道德修养	C语言程序设计	体育	通信技术
2	0800810207	张艳勤	78	88	67	54	88	87	87	78
3	0800810210	吴宇林	85	87	80	72	83	63	70	86
4	0800810224	张翠峰	67	56	89	83	85	73	46	70
5	0800810229	叶晓兵	80	84	84	70	88	74	43	84
6	0800820117	林木森	85	86	74	93	45	80	85	82
7	0800820121	彭敏丽	84	78	73	87	78	72	79	55
8	0800820209	胡　冰	87	79	76	87	84	81	80	87
9	0800820211	李立溪	58	45	77	89	75	69	77	62
10	0800820302	蔡晓林	71	77	78	77	83	78	76	87
11	080082040	朱妮妮	85	91	78	47	61	69	59	79
12	0800820402	黄孟秀	83	80	84	80	88	84	85	84
13	0800820403	李　丽	46	88	74	93	55	80	85	82
14	0800820407	杨鸿斌	74	76	73	87	88	82	79	55
15	0800820409	黄　华	91	55	79	66	77	54	81	80
16	0800820410	黄绍林	92	85	77	57	75	69	79	62
17	0800820411	金家权	57	79	64	77	83	48	76	87
18	0800820421	伍世雄	85	91	78	78	71	69	59	79
19	0800820423	李志华	95	85	77	89	85	79	79	62
20	0800820424	曾成有	76	78	75	77	77	68	76	87
21	0800820425	曾康荣	95	90	78	78	91	79	59	79
22										
23										
24										
25										
26										

成绩表数据 / Sheet2 / Sheet3

图 2.26　学生成绩表

2.3.2　解决方案

利用 Word 2010 的邮件合并功能，先创建好“成绩单主文档”空白表，运用邮件合并将“学生成绩表”的数据合并到“成绩单主文档”中，生成每个同学的单独成绩通知单。

2.3.3　相关知识

1．邮件合并

邮件合并是在邮件文档(主文档)的固定内容(相当于模板)中，合并与发送信息相关的一组数据，这些数据可以来自如 Word 及 Excel 的表格、Access 数据表等数据源，从而批量生成需要的邮件文档，大大提高工作效率。

邮件合并除了可以批量处理信函、信封等与邮件相关的文档外，还可以轻松地批量制作标签、工资条、成绩单、准考证等。

2．邮件合并向导

Word 2010 中提供一个向导式邮件合并工具，利用邮件合并向导提供的操作步骤可以快速完成邮件合并。

3．Word 域

Word 2010 中域类似于 Excel 中的公式，域代码类似于公式，域结果类似于公式产生的值。

2.3.4　实现方法

1．建立主文档“成绩单主文档”

在 Word 2010 中，制作一张如图 2.25 所示的没有数据的“成绩单主文档”并保存；同时把作为后台数据库的已有文件“学生成绩表”也保存在一个文件夹中。设计好的“成绩单主文档”应处于打开状态。

2．邮件合并

选择“邮件”功能区中的“开始邮件合并”组中的“开始邮件合并”命令按钮，打开“邮件合并分步向导”命令，在“邮件合并”对话框中，共有 6 个步骤：

(1) 选择文档类型：在“选择文档类型”区域中，选择“信函”，再点击“下一步”。

(2) 选择开始文档：在“选择开始文档”区域中，选择“使用当前文档”，点击“下一步”。

(3) 选择收件人：在“选择收件人”区域中，选择“使用现有列表”，则操作前必须创建与“成绩通知单”文件内容相同的电子表格格式文件，如“学生成绩表”(操作前将“学生成绩表”中的数据内容放入电子表格中创建好)。若想用 Word 2010 来创建与“成绩通知单”文件中相同的原始数据，选择“键入新列表”。这就要从头到尾输入所有的原始数据，由于数据量大，一般选择“使用现有列表”单选项，点击“下一步”后出现“选择数据源”对话框。从中选择已创建好的“学生成绩表”文件后点击“确定”命令按钮。接着打开“邮件合并收件人”对话框，如图 2.27 所示，单击“确定”命令按钮后再点击“下一步”。

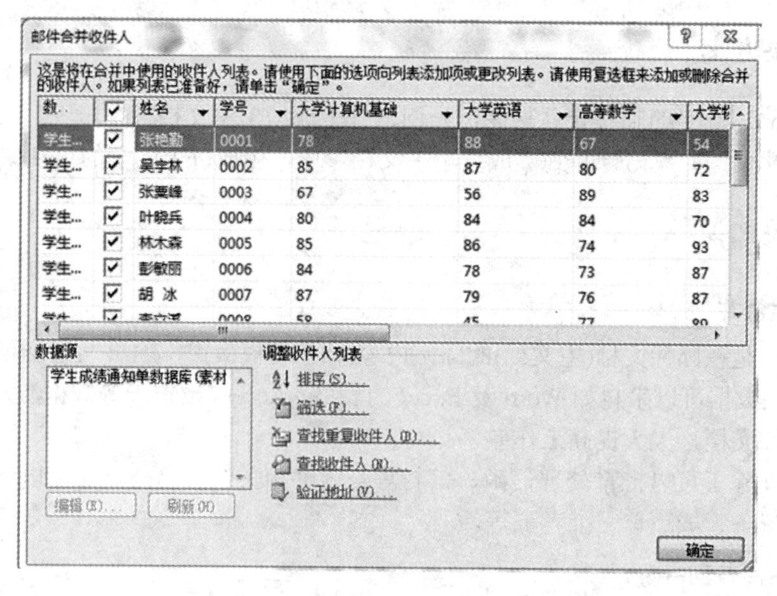

图 2.27 “邮件合并收件人”对话框

(4) 撰写信函：首先将光标定位在“成绩单主文档”(模板)的“学号”之后，点击“邮件”功能区中的“编写和插入域”组中的“插入合并域” 命令按钮，打开“插入合并域”对话框，如图 2.28 所示，在“域“列表框中选择“学号”项，单击“插入”按钮，此时在“成绩单主文档”(模板)的“学号”后面就会插入域“学号”。再把光标分别移动到“姓名”等其他位置之后，用相同的方法，在“成绩单主文档”各对应课程中分别插入域“大学计算机基础”、“大学英语”、“高等数学”、“大学物理”、“思想道德修养”、“C 语言程序设计”、“体育”、“通信技术”，所有域插入完成后，“成绩单主文档”的设置结果如图 2.29 所示。继续点击“邮件合并”对话框中的“下一步”。

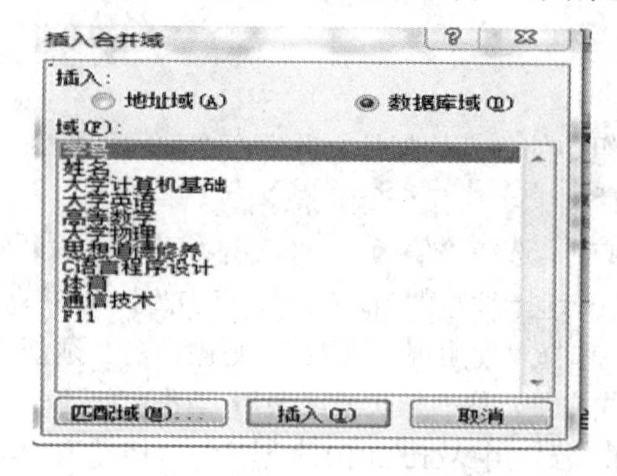

图 2.28 “插入合并域”对话框

桂林电子科技大学

2009~2010 第二学期成绩通知单

学号：«学号»　姓名：«姓名»　院系：信息与通信学院　专业：通信工程

课程名称	成　绩
大学计算机基础	«大学计算机基础»
大学英语	«大学英语»
高等数学	«高等数学»
大学物理	«大学物理»
思想道德修养	«思想道德修养»
C 语言程序设计	«C 语言程序设计»
体育	«体育»
通信技术	«通信技术»

图 2.29 “成绩单主文档”的设置结果

(5) 预览信函：显示“成绩通知单”浏览结果，若无问题，继续点击“邮件合并”对话框中的“完成合并”。

(6) 完成合并：邮件合并操作完成，这时“成绩单主文档”的各个数据域显示出第一条记录中的具体数据。

3. 查看数据连接状况

在“成绩通知单”中插入数据域后，“成绩通知单”与后台的数据源已经连接在一起，单击“邮件”功能区中的“预览结果”组中的“上一记录”或“下一记录”按钮，可以查看其他记录的数据。如单击“首记录”按钮，可以显示第一条记录的数据，单击“尾记录”按钮，可以显示最后一条记录的数据。

4. 在一页中放置多个“成绩通知单”

如果在一页中放置两份“成绩通知单”，会节省不少纸张，具体操作步骤如下：把整个“成绩通知单”(包括前面的标题)复制一份，再把插入点定位到文档的最后位置，粘贴一次，得到第 2 个“成绩通知单”。这时复制的第 2 个“成绩通知单”的数据和第 1 个“成绩通知单”的数据是一样的，再将插入点放在第 2 个“成绩通知单”的数据首行处(必须在第 2 个“成绩通知单”中所有数据域的前面)，点击“邮件”功能区中的“编写和插入域”组中 规则 命令按钮，选择“下一记录”。当“预览结果”按钮为“未选中”状态时，将显示出“下一记录”的域《下一记录》，单击“预览结果”按钮，使其成为“选中”状态，就可以看到在第 2 个“成绩通知单”中已显示出下一条记录的数据了。

5. 合并数据

运用“完成并合并”生成全部的“成绩通知单”，具体操作步骤如下：移动鼠标到“邮件合并”对话框中的“完成合并”区域，点击“编辑个人信函”；或单击“邮件”功能区中的“完成”组中“完成并合并”按钮，点击“编辑单个文档”命令，打开“合并到新文档”对话框，如图 2.30 所示，在“合并记录”区域选择“全部”，单击“确定”命令按钮。全部的学生成绩通知单自动产生，并将文档存盘保存。

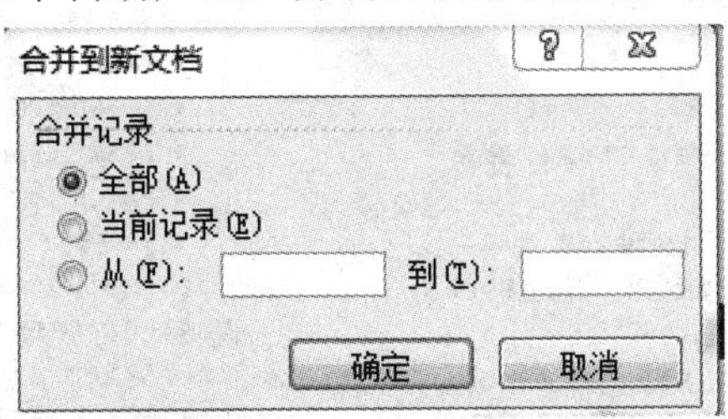

图 2.30 “合并到新文档”对话框

2.4 实训四：目录生成

本节将以论文目录自动生成为例，详细介绍目录自动生成的方法与技巧，包括应用样式、添加目录等内容。

2.4.1 任务提出

学生小强的毕业论文基本完成了，接下来的工作就是给毕业论文添加目录，毕业论文目录要求自动生成，毕业论文目录生成图如图 2.31 所示。

目 录

引 言

在互联网如此普及的今天，接入互联网的计算机越来越多，做为互联网的"中心"的服务器自然越来越多。服务器有文件服务器、网页服务器、数据库服务器。而这些服务器一般都放在电信的机房内，而维护人员又不可能总在机房内，所以就产生了远程计算机管理软件。

现在国内外已经有很多已经相当成熟的远程计算机管理软件，如国外的PcAnyWhere，国内的灰鸽子。界面即漂亮，功能又强大，从文件管理到，内网穿透无一不精。

远程计算机管理软件确实可以减少维护人员往机房跑的次数，减少了维护人员的工作量，也就减少了维护服务器的成本。漂亮的界面，方便的操作，也使维护人员能很容易的掌握对其的使用。

1 系统概要

1.1 系统目标

21世纪已经迈入了互联网的时代，各式各样的网站像雨后春笋般冒出来。大中型网站都是把网站架在独立的服务器上。由于各种原因，很多情况下，维护人员并不方便直接操作服务器，远程控制软件就能很好的解决。但是现在的远程控制软件的应用并不仅限于此。

开发的是应用软件，并不争对特定的使用者。即可以是网站的维护人员，也可以是网络安全的爱好者。

目标是：开发出一个功能实用并使用方便的远程控制软件。

1.2 系统功能简介

服务端：

- 自启动功能
- 服务端管理
- 日志显示
- 请求分析
- 响应密码验证
- 响应远程文件操作
- 响应远程命令行
- 响应远程进程管理
- 响应远程服务管理
- 文字通讯

客户端：

- 连接
- 本地文件管理
- 远程文件管理
- 本地命令行
- 远程命令行
- 远程进程管理
- 远程服务管理
- 文字通讯

1.3 系统可行性分析

1.3.1 技术可行性

① 使用TCP进行通讯。TCP是面向连接的，会自动错误重发，TCP提供了可靠的通讯。保证了服务端和控制端的可靠通讯。

② 本软件是windows下开发的应用软件。Windows是一个强大操作系统，提供给开发者强大的API，并有msdn这样强大的文档。我们要做的软件对文件，注册表，进程管理，网络通讯的功能，都能通过调用API实现。

③ 用delphi7做为开发工具。Delphi7做为RAD工具，界面设计方便，并有功能强大的网络开发套件indy，和一系列功能强大的第三方控件，可以提高我们的开发效率，和解决我们的技术问题。

1.3.2 社会可行性

要做的软件，是远程控制软件。控制端控制服务端是经由服务端允许的。并不是木马程序。

1.3.3 经济可行性

软件为应用软件，是在已有的计算机硬件基础上使用的，并不用另行添加硬件，经济上并不存在问题。

1.3.4 总结

综上所述，软件在技术性，社会性和经济性上开发这个软件是可行的。

2 开发环境

《远程计算机控制软件》是在Windows环境下用Borland公司的Delphi7开发的应用软件。能够在Windows98、Windows 2000、Windows NT、Windows XP、Windows2003环境下稳定运行。

2.1 操作系统选择

本系统的开发和运行环境均选用Windows系列的操作系统，因为Windows系统是PC机上普及最广泛的操作系统，它的界面友好、有高效的计算环境、对硬件的支持程度高、有良好的可移植性和可伸缩性、系统运行稳定、可靠性好、维护方便、容易安装；性能经过优化、安全性好。更重要的是，现在大多数中小型服务器都装着win2000和win2003操作系统。在此选用了Windows Server 2003 Enterprise作为开发环境，它的稳定性和性能可以与Unix相媲美。它还提供增强的内存支持，支持更多的处理器和群集。增强的内存和处理器支持意味作服务器应用程序运行的更快。保证在开发过程能更快速，而不被不必要的打断。

2.2 开发工具选择

现在，市场上可以选购的应用开发产品很多，流行的也有数十种。目前在我国市场上最为流行、使用最多、最为先进的可用作企业级开发工具的产品有：

- Microsoft公司的Visual Basic
- Microsoft公司的Visual C
- Borland公司的Delphi
- Powersoft公司的PowerBulider
- Java等等

在目前市场上这些众多的程序开发工具中，有些强调程语言的弹性与执行效率；有些则偏重于可视化程序开发工具所带来的便利性与效率的得高，各有各的优点和特色，也满足了不同用户的需求。然而，语言的弹性和工具的便利性是密不可分的，只有便利的工具，却没有弹性的语言作支持，许多特殊化的处理动作必需要耗费数倍的工夫来处理，使得原来所标榜的效率提高的优点失去了作用；相反，如果只强调程语言的弹性，却没有便利的工具作配合，会使一些即使非常简单的界面处理动作，也会严重地浪费程序设计师的宝贵时间。

由于做毕业设计的时候有限，加上对Delphi7比较熟悉，所以选用Delphi做为开发工具。下面简单的介绍一下Delphi7：

Delphi7是著名的Borland（现在已和Inprise合并）公司开发的可视化软件开发工具。"真正的程序员用c，聪明的程序员用Delphi"，这句话是对Delphi最经典、最实在的描述。Delphi被称为第四代编程语言，它具有简单、高效、功能强大的特点。和VC相比，Delphi更简单、更易于掌握，而在功能上却丝毫不逊色；和VB相比，Delphi则功能更强大、更实用。可以说Delphi同时兼备了VC功能强大和VB简单易学的特点。它一直是程序员至爱的编程工具。

Delphi7具有以下的特性：基于窗体和面向对象的方法，高速的编译器，强大的数据库支持，与Windows编程紧密结合，强大而成熟的组件技术。但最重要的还是Object Pascal语言，它才是一切的根本。Object Pascal语言是在Pascal语言的基础上发展起来的，简单易学。

Delphi7提供了各种开发工具，包括集成环境、图像编辑（Image Editor），以及各种开发数据库的应用程序，如DesktopDataBase Expert等。除此之外，还允许用户挂接其它的应用程序开发工具，如Borland公司的资源编辑器（Resourse Workshop）。Delphi7最重要的是有丰富的第三方控件，几乎每个方面都可以找到合适的控件快

速解决问题。大大提高了开发者的效率。

3 需求分析

需求分析的任务就是准备地回答"系统必须做什么？"这个问题，是通过系统分析员与用户一起商定，清晰、准确、具体地描述软件产品必须具体要求有的功能、性能、运行规格等要求。下面是该软件各方面的需求：

3.1 系统功能需求

(1) 服务端：

① 自启动模块的主要功能是：控制软件随 Windows 启动。

② 服务端管理模块的主要功能有：设置连接密码，启动和停止服务功能。

③ 日志显示模块的主要功能是：显示客户端的操作日志。

④ 请求分析模块的主要功能是：响应客户端的请求，调用正确的响应程序。

⑤ 响应密码验证模块的主要功能是：判断是否允许控制客户端控制。

⑥ 响应远程文件操作模块的主要功能是：通过请求分析程序调用正确的具体文件操作程序，文件操作有以下几种：获得文件列表、删除文件或者目录、重命名、新建目录、远程运行、上传文件、下载文件。

⑦ 响应远程命令行模块的主要功能是：获得指定 dos 命令的执行结果，并把结果发送到客户端。

⑧ 响应远程进程管理模块的主要要功能有：获得进程列表，停止指定的进程，并把结果发送到客户端。

⑨ 响应远程服务管理模块的主要功能有：获得服务列表，启动和停止服务，并把结果发送到客户端。

⑩ 文字通讯模块的主要功能是：接收客户端信息，发送用户输入的信息。

(2) 客户端：

① 连接模块的主要功能有：连接服务端和断开连接。

② 本地文件管理模块的主要功能是，管理本地文件，功能有：显示文件列表、删除文件或者目录、重命名、新建目录.

③ 远程文件管理模块的主要功能是，与服务端交互，管理服务端的文件。具体文件远程文件操作有：查看文件列表、删除文件或者目录、重命名、新建目录、远程运行、上传文件、下载文件。

④ 本地命令行模块的主要功能是：执行指定的 dos 命令，并显示结果。

⑤ 远程命令行：与服务端交互，在客户端显示指定 dos 命令在服务端执行结果。

⑥ 远程进程管理模块的主要功能是，与服务端交互，对服务端进程进行管理。具体操作有：获得远程进程列表，停止指定的远程进程。

⑦ 远程服务管理模块的主要功能是，与服务端交互，对服务端的服务进行管理。具体的操作有：显示远程服务列表，启动和停止指定的远程服务。

⑧ 文字通讯：接收服务端信息，发送用户输入的信息。

3.2 系统的安全性和可靠性

一个稳定、健壮的系统因该具有良好得的安全性和可靠性。这里的安全性指的是：系统的安全性、数据的安全性和网络的安全性。系统要求能够稳定运行，不能够在使用的过程中，有些机子可以使用，有些机子却经常出错的情况。

对于要做的远程计算机管理软件来说，网络安全性是最重要的——现在网络上的伪黑客非常之多，他们窃取别人的数据做为非法之用。如果远程控制软件的服务端被非法用户绕过密码验证而控制就是非常恐怖的事情。

3.3 系统运行要求

本系统为运行于 windows 操作系统的应用软件，原则上 Win32 版本以上的 Windows 操作系统都可以运行本软件。本软件需要服务端和客户端都同在一个网络内——同在互联网(服务端要有公网ＩＰ)或者同在局域网内。

3.4 性能需求

(1) 时间特性

本软件要用网络来互联服务端和客户端，网络的带宽是有限的，所以要尽量缩小传输入数据的大小，省掉不必要的数据。这样才可以加快软件的响应速度。

，在代码上避免长时间操作，长时见操作时要显示用户提示给用户，如果操作出错应有明确的提示。服务端和客户端在网络中交互数据时，如果长时间没有接得要接的数据，则要进行超时处理，并提示用户出错信息。

(2) 适应性

软件是基于的Windows操作系统的，可适用于Win32以上版本的W indows操作系统。软件基于TCP/IP协议，使得它适用于互联网和任何结构的局域网。网络带宽在56kbps或以上就可以流畅的运行了。

3.5 客户端详细设计

客户端详细设计是对客户端的各模块的功能和子功能规划处理流程，并对主要函数画流程图。如有界面的模块设计界面。

3.5.1 client_connect 连接模块

连接模块的主要功能有：连接服务端和断开连接。

下面是该模块的主要函数和过程：

① procedure TForm_client.Button_connectClick(Sender: TObject);

处理流程：连接成功，就向服务器发送密码，服务器就返回 ok，或者 no ，连接成功的，就建立文字通讯线程；否则就提示连接失败

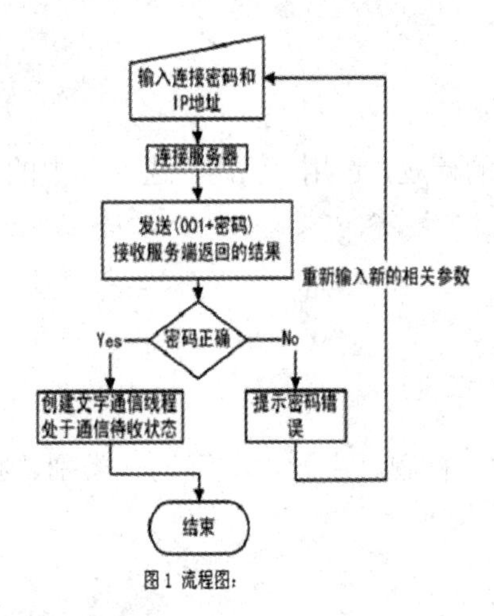

图 1 流程图：

② procedure TForm_client.button_cutClick(Sender: TObject);

处理流程：断开文字信息连接和主连接。关掉文件通讯线程。

3.5.2 client_message 文字通讯模块

文字通讯模块的主要功能是：接收客户端信息，发送用户输入的信息。

下面是该模块的主要函数和过程：

① procedure TForm_client.button_sendClick(Sender: TObject)

处理流程：把用户输入的文件信息，发送到服务端。

② Message 线程类：

procedure thread_message.Execute;

处理流程：循环读取服务端发来的信息，如有信息发来就添加到用户界面；如连接被中断，就退出循环，销毁线程。

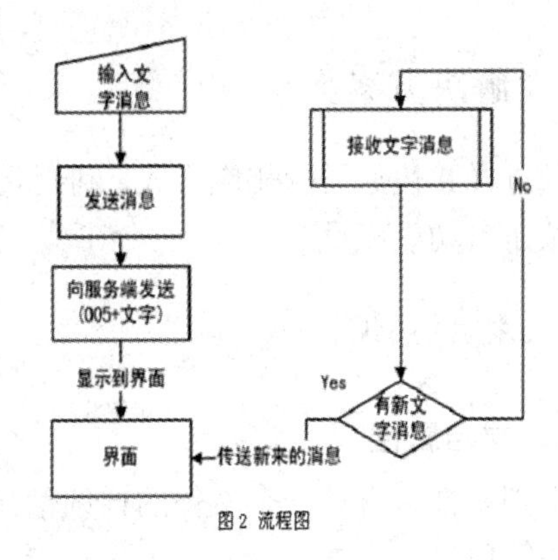

图 2 流程图

3.5.3 client_file 本地文件管理模块

本地文件管理模块的主要功能是，管理本地文件，功能有：显示文件列表、删除文件或者目录、重命名、新建目录.

下面是该模块的主要函数和过程：

① procedure TForm_client.ListView_fileEdited(Sender: TObject; Item: TListItem; var S: String);

处理流程：如为本地文件时，则调用 Renamefile 命令，把原文件名改为新文件名。

② procedure TForm_client.GetFileList(FileList: string);

处理流程：获得指定路径的本地文件列表

③ procedure TForm_client.FileTool_upClick(Sender: TObject);

处理流程：向上按钮.返回上一级目录

④ procedure TForm_client.TreeView_fileChange(Sender: TObject; Node: TTreeNode);

处理流程：用户展开目录时，添加目录列表到树和添加文件列表对列表框。

4 测试

4.1 测试的目的、环境及相关问题

软件测试分为几个部分：单元测试集中检查软件设计的最小单元——模块，包括程序测试，即发现程序中的代码错误，然后逐一解决；组装测试相当于联调，主要是考察模块间的接口和各模块之间的联系。这是一个持续的过程，可以在将组件加入某一项之前逐个的加以测试，也可以把项目连编成应用程序之后再进行测试。确认测试主要检查软件功能与用户的需求是否一致。在一般的情况下，这些步骤都被顺序地实现。测试的目的就是发现错误。

在测试和调试应用程序时，应注意以下问题：

◆ 程序设计者不应测试自己设计的程序。

◆ 测试用例的设计不仅要有合理的输入数据，还要有不合理的输出数据。

◆ 除了检查程序是否做完了它应做的事之外，还要检查它是否何等了不应做的事。

在测试和调试应用程序后，系统应达到以下要求：

◆ 运行不会导致崩溃或产生错误信息。

◆ 在一般情况下操作正常。

◆ 在一定范围内，操作合理，或能提供适当的错误信息。

程序调试和组件测试我们在设计和编码的过程中通过编译程序编译、软件错误信息的提供，我们可以逐步修正错误，程序能够得到一步步的完善。

4.2 测试流程

客户端：

(1) 连接功能：

服务端正常启动时和非正常启动时分别进行测试。输入密码进行连接。

输入的密码：

? 大于等于3位小于等于10位的字符，正确的

? 大于10位的密码，错误的

? 小于3位的密码，错误的

(2) 文件管理

对本地文件管理的查看本地文件列表，新建文件夹，复制粘贴文件功能，本地打开进行测试。这些功能测试要交叉进行操作。

连接服务端后，对远程文件管理的查看远程文件列表，新建文件夹，复制粘贴文件，上传和下载文件，远程打开进行测试。这些功能测试要交叉进行操作。还要在服务端突然中断连接的情况下进行测试。

(3) 命令行

连接服务端后，分别输入正确的和错误的 dos 命令。再分别点击本地运行和远程运行按钮。

Dos 命令：

? cmd.exe /c Dir c:\，正确的

? sfsdf，错误的

(4) 进程管理

连接服务端后，先点击查看服务端进行，然后再选择某一进程，点击终止进程。

服务端：

(1) 管理功能

? 输入连接密码然后点击启动，然后控制客户端进行测试。

? 在客户端进行通讯的时候中止服务端运行

输入的密码：

? 大于等于3位小于等于10位的字符，正确的

? 大于10位的密码，错误的

? 小于3位的密码，错误的

(2) 日志功能

查看启动服务端，和有客户端连入时，是否有日志显示

服务端和客户端：

客户端连接服务端后，分别在客户端和服务端上发信息。看对方是否有显示。

4.3 测试结果

根据测试的结果我们初步认为系统在一般情况下操作正常，一定范围内操作合理，且能提供适当的错误信息，系统有一定的异常处理功能。总体看来，系统的稳定性和安全性都能够得到保障，保障了数据输入的正确性。因此我们认为整个系统的设计和实现达到了预期的要求，实现了相关的功能，完成了本次课程设计的任务，是有一定稳定性和实用性的远程计算机管理软件。

5 结论

本软件是用于远程维护的，远程计算机管理软件。具有一定的实用性。它可以在客户端对远程计算机进行文件管理、文件通讯、进程管理、服务管理、模拟命令行等操作。本系统采用当前流行的面向对象的开发工具 Delphi 7 来完成整个系统的开发，并用 CVSNT 来做代码的版本控制。

参考文献

[1] Steve Teixeira.Delphi 开发大全(上、下)[M]. 北京：人民邮电出版社，1999

[2] 陈省.Delphi 深度探索（第二版）[M]. 北京：电子工业出版社，2004

[3] 飞思科技产品研发中心.Delphi 7 基础编程[M]. 北京：电子工业出版社，2003

[4] Devra Hall.Delphi 程序设计入门[M]. 北京：人民邮电出版社，1997

[5] 夏农(美).Delphi 程序调试参考手册[M]. 北京：中国电力出版社，2003

[6] 飞思科技研发中心.Delphi 7 高级应用开发[M]. 北京：电子工业出版社，2003

图 2.31 毕业论文目录生成图

2.4.2 解决方案

通过样式快速设置相应格式，利用具有大纲级别的标题，运用“引用”选项卡中的“目录”按钮自动生成目录。

2.4.3 相关知识

1. 文档属性

文档属性包含了一个文件的详细信息，例如作者、标题、主题、关键词、类别、状态和备注等项目。

2. 目录

对于一篇长文档，在最后编辑完成后通常的做法是创建一个目录，目录中列举了各个段落和章节的标题，并标示了每一个标题的页码，以方便快速了解整篇文档的组成结构和快速定位到欲查找的段落。

3. 样式

样式是一组已经命名的字符格式或段落格式，它的方便之处在于可以把它应用于一个段落或者段落中选定的字符中，按照样式定义的格式，能批量地完成段落或字符的设置，样式分为字符样式和段落样式或者分为内置样式和自定义样式。

2.4.4　实现方法

1．使用样式

打开“毕业论文(素材).docx”，将文档另存为“毕业论文.docx”，将所有毕业论文的章名应用“标题 1”样式。具体操作步骤如下：在“开始”选项卡的“样式”组中将所有毕业论文的章名、“引言”和“参考文献”应用“标题 1” AaBl 标题 1 样式，用相同的方法，将论文中的所有节名全部应用为“标题 2” AaBbC 标题 2 样式，接着再选择“标题 3” AaBbC 标题 3 样式，则各小节名就全部应用了“标题 3”样式。

2．添加目录

将光标定位到要插入目录的位置，输入文字“目录”二字，并将“目录”二字的格式设置为“居中，小二，黑体”，两字之间用两个空格隔开，格式设置好后按回车键。选择“引用”选项卡的“目录”组中的“插入目录”，打开“目录”对话框，单击“目录”选项卡，如图 2.32 所示，选中“显示页码”和“页码右对齐”复选框，在“显示级别”中选择“3”。单击“确定”按钮，在文字“目录”二字与“引言”二字之间便自动生成论文目录。生成的论文目录中的“引言”和“参考文献”文字设置为“加粗”，毕设的论文目录就添加完成了。

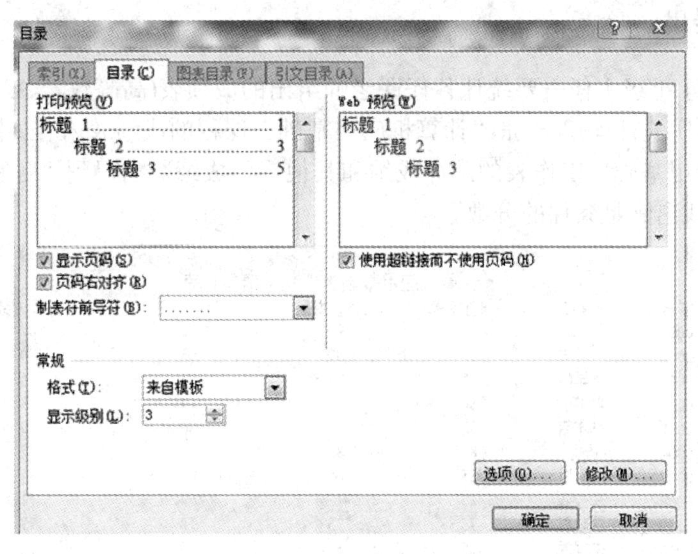

图 2.32　“目录”对话框

第3章 Excel 2010电子表格软件

在日常生活、学习和工作中，经常需要与各种表格打交道，如成绩表、工资表、销售表等。利用计算机制作和处理的表格为电子表格。Excel 2010 是一种目前最常用的电子表格处理软件，可用来制作各种电子表格，快速输入数据，对表中数据进行计算、排序、筛选、检索、分类汇总以及快速生成各种图表等。

3.1 实训一：制作成绩表

本实训主要介绍 Excel 2010 电子表格的数据创建、数据处理和数据输出，其中包括数据录入、单元格设置、多工作表的操作、公式和函数、数据排序、数据筛选等内容。

3.1.1 任务提出

学期结束时，年级主任需要统计各任课老师给出的成绩表(高等数学、C 语言程序设计、计算机基本操作实验)和输入一张“计算机应用基础”课程的成绩表内容如图 3.1 所示，并根据“计算机应用基础”工作表的总评成绩和其他三门成绩数据得到“各科成绩表”如图 3.2 所示，并查找出满足条件的分数。

	A	B	C	D	E	F
1	《计算机应用基础》课程成绩登记表					
2	学号	姓名	平时成绩	实验成绩	期考成绩	总评成绩
3	0001	张 勤	75	90	87	87
4	0002	吴宇林	85	80	63	70
5	0003	张粟峰	65	85	73	76
6	0004	叶晓兵	80	85	74	78
7	0005	林木森	85	75	80	79
8	0006	彭敏丽	85	85	72	77
9	0007	胡 冰	85	85	81	83
10	0008	李立溪	75	75	69	71
11	0009	蔡晓林	75	75	78	77
12	0010	朱妮妮	85	85	69	75
13	0011	黄孟秀	85	85	84	84
14	0012	李 丽	75	85	80	81
15	0013	杨鸿斌	75	75	82	79
16	0014	黄小华	90	75	70	74
17	0015	黄绍林	90	85	69	76
18	0016	金家权	75	85	71	76
19	0017	伍世雄	85	80	69	74
20	0018	李志华	85	80	79	80
21	0019	曾成有	75	85	68	74
22	0020	曾康荣	90	90	79	83

图 3.1 “计算机应用基础”课程成绩表

	A	B	C	D	E	F	G	H	I
1	学号	姓名	高等数学	C语言程序设计	计算机基本操作实验	计算机应用基础	总分	平均分	名次
2	0001	张勤	75	78	90	87	329.7	131.88	3
3	0002	吴宇林	85	77	80	70	312.3	124.92	12
4	0003	张粟峰	65	87	65	76	292.8	117.12	18
5	0004	叶晓兵	80	86	85	78	328.9	131.56	5
6	0005	林木森	85	90	75	79	329	131.6	4
7	0006	彭敏丽	85	65	85	77	312.2	124.88	13
8	0007	胡 冰	85	69	85	83	321.6	128.64	8
9	0008	李立溪	75	91	75	71	312.4	124.96	11
10	0009	蔡晓林	75	66	64	67	272	108.8	20
11	0010	朱妮妮	85	62	85	75	307.4	122.96	15
12	0011	黄孟秀	85	87	85	84	341.4	136.56	1
13	0012	李 丽	75	61	85	81	302	120.8	17
14	0013	杨鸿斌	75	56	75	79	285.2	114.08	19
15	0014	黄小华	90	73	75	93	331	132.4	2
16	0015	黄绍林	90	75	85	76	325.9	130.36	6
17	0016	金家权	75	88	85	76	323.6	129.44	7
18	0017	伍世雄	85	78	80	74	316.9	126.76	10
19	0018	李志华	85	64	80	80	308.9	123.56	14
20	0019	曾成有	75	86	85	74	319.8	127.92	9
21	0020	曾康荣	80	83	90	53	306	122.4	16
22	最高分		90	91	90	93	364	136.56	
23	平均分		80.5	76.1	80.7	77	313.95	125.6	
24	各分数段人数	0--59	0	1	0	1			
25		60--70	1	6	2	1			
26		70--80	7	5	4	13			
27		80--90	10	6	12	4			
28		90--100	2	2	2	1			

图3.2 各科成绩表

3.1.2 解决方案

首先建立一个新的Excel 2010工作簿，并在一张空的工作表中输入“计算机应用基础”课程原始数据，计算该课程的总评成绩，接着输入“各科成绩表”工作表数据，将“计算机应用基础”工作表中的总评成绩复制到“各科成绩表”工作表的相应数据区域中，特别注意，在“计算机应用基础”课程总评成绩复制时，必须使用“选择性粘贴”或引用其他工作表相应单元格的数据，否则就会显示出错信息。

3.1.3 相关知识

1. 工作簿

工作簿是用来储存并处理工作数据的文件。它是Excel 2010工作区中一个或多个工作表的集合，其扩展名为xlsx。在Excel 2010中，每一工作簿可以拥有许多不同的工作表，工作簿中最多可建立255个工作表。

2. 工作表

工作表是一个二维表格,一张工作表中有1048576行和16384列，共有1048576*16384个单元格，用来存储和处理数据，默认情况下有三张工作表，位于工作区的左下方。工作表的行号用数字1～1048576来表式，列标从左到右用字母A～XFD来编号，到Z后再从AA开始，依次类推，直到XFD为止。

3. 单元格

单元格是表格中行与列的交叉部分，它是组成表格的最小单位，可拆分或者合并。单个数据的输入和修改都是在单元格中进行的。

4. 常用数据类型

常用的数据类型有文本型、数值型、日期型等。文本型数据包括字母、数字、空格和符号，其对齐方式为左对齐；数值型数据包括0～9、()、+、–等符号，其对齐方式为右对

齐，当输入的文本全部是由数字组成的字符串时，在输入时应在字符串前加上单撇号“'”，这样输入的数字字符串就不会当成数值来处理了。

5．单元格和数据的选定

(1) 选定连续的单个单元格：左键点击选中单元格，当需要对数据进行修改时，双击相应的单元格。

(2) 选定连续的单元格区域：先单击区域的第一个单元格，再拖动鼠标到最后一个单元格。或单击区域的第一个单元格，然后按住【Shift】键的同时选中最后一个单元格。

(3) 选定不连续的单元格或单元格区域：先选中第一个单元格或单元格区域，然后按住【Ctrl】键的同时选中其他的单元格或单元格区域。

(4) 选定整行、整列和全部单元格：选定整行可点击该行所在的行号；选定整列可点击该列所在的列号；选定全部单元格可点击行号和列号的交叉处。

6．自动填充

Excel 2010 电子表格提供对有规律的数据实现快速自动填充的功能，共有 3 种方式：自动填充相同的数据、填充序列数据、使用系统提供的序列，用户也可自定义序列数据。

7．公式和函数的使用

Excel 2010 中的“公式”是指在单元格中进行计算功能的等式，运用公式时必须以“=”开头，“=”后面是参与计算的运算数和运算符。Excel 2010 中函数是一种定义好的内置公式，函数包含函数名、参数和圆括号。

8．单元格引用

单元格引用指用单元格在表中的坐标位置的标识。单元格引用包括绝对引用、相对引用和混合引用三种。

绝对引用：单元格中的绝对单元格引用(例如 $F$6)总是在指定位置引用单元格 F6。如果公式所在单元格的位置改变，绝对引用的单元格始终保持不变。如果多行或多列地复制公式，绝对引用将不作调整。

相对引用：公式中的相对单元格引用(例如 A1)是基于包含公式和单元格引用的单元格的相对位置。如果公式所在单元格的位置改变，引用也随之改变。如果多行或多列地复制公式，引用会自动调整。默认情况下，新公式使用相对引用。

混合引用：混合引用具有绝对列和相对行，或是绝对行和相对列。如果公式所在单元格的位置改变，则相对引用改变，而绝对引用不变。如果多行或多列地复制公式，相对引用自动调整，而绝对引用不作调整。

9．数据清单和数据筛选

(1) 数据清单是指工作表中包含相关数据的一系列数据行，可以理解成工作表中的一张二维表格。在 Excel 2010 中实现数据管理，类似于数据库管理系统对数据表的管理。数据清单中的每一行数据称为一条记录，每一列称为一个字段。数据清单中的数据应满足以下条件：

标题行的每个单元格内容为字段名。

同一列中的数据应有相同的数据类型。

同一数据清单中，不允许有空行、空列。

数据区中的每一行存放相关的一组数据。

同一工作表中可以容纳多个数据清单，但两个数据清单之间至少间隔一行或一列。

(2) 数据筛选是将数据清单中不满足条件的数据暂时隐藏起来，只显示符合条件的数据。Excel 2010 中提供了两种数据的筛选操作，即“自动筛选”和“高级筛选”。“自动筛选”一般用于简单的条件筛选，对于条件简单的筛选操作。符合条件的结果只能显示在原有的数据表格中。若要筛选含有指定关键字的记录，并且将结果显示在两个表中进行数据比对或其他情况，就需要用到“高级筛选”。“高级筛选”可将筛选结果显示在原有的数据表格中，也可在新的位置显示筛选结果，不满足条件的数据同时保留在数据列表中而不会被隐藏起来。

3.1.4 实现方法

1. “计算机应用基础”课程成绩表工作表的建立

启动 Excel 2010，单击“自定义快捷访问工具栏”上的“保存”按钮，在“另存为”对话框中将文件名由“Book1.xlsx”改为“成绩表.xlsx”，单击对话框中的“保存”按钮，“成绩表.xlsx”工作簿将保存在指定位置。

选中 Sheet1 工作表，从 A1 单元格开始输入如图 3.3 所示的数据，当输入数字字符时，首先输入英文单引号“'”，然后输入数字字符。“学号”列数据的具体操作步骤如下：在单元格 A2 中输入“0001”(在输入前先加英文格式的单撇号)；选中单元格 A2，移动鼠标至区域右下角，待鼠标形状由空心十字变成实心十字时，向下拖曳鼠标至 A21 单元格时放开鼠标。

	A	B	C	D	E	F
1	学号	姓名	平时成绩	实验成绩	期考成绩	总评成绩
2	0001	张 勤	75	90	87	
3	0002	吴宇林	85	80	63	
4	0003	张栗峰	65	85	73	
5	0004	叶晓兵	80	85	74	
6	0005	林木森	85	75	80	
7	0006	彭敏丽	85	85	72	
8	0007	胡 冰	85	85	81	
9	0008	李立溪	75	75	69	
10	0009	蔡晓林	75	75	78	
11	0010	朱妮妮	85	85	69	
12	0011	黄孟秀	85	85	84	
13	0012	李 丽	75	85	80	
14	0013	杨鸿斌	75	75	82	
15	0014	黄小华	90	75	70	
16	0015	黄绍林	90	85	69	
17	0016	金家权	75	85	71	
18	0017	伍世雄	85	80	69	
19	0018	李志华	85	80	79	
20	0019	曾成有	75	85	68	
21	0020	曾康荣	90	90	79	

图 3.3 “计算机应用基础”课程成绩表

2. 计算各学生的“总评成绩”

计算各学生的总评成绩，总评成绩=平时成绩*10%+实验成绩*30%+期考成绩*60%。具体操作步骤如下：选中单元格 F2，输入“=C2*0.1+D2*0.3+E2*0.6”公式，如图 3.4 所示，单击编辑栏上的“√”按钮，F2 单元格显示对应结果。利用“填充柄”拖动鼠标直到 F21，这样可将 F2 中的公式快速复制到 F3：F21 区域，即计算出各学生的总评成绩，再选中 F2：

F21 单元格区域，在“开始”功能区中选择 .00→.0 按钮进行小数位数减少的操作，将计算出的总评成绩结果取整。

F2 =C2*0.1+D2*0.3+E2*0.6

	A	B	C	D	E	F
1	学号	姓名	平时成绩	实验成绩	期考成绩	总评成绩
2	0001	张 勤	75	90	87	87
3	0002	吴宇林	85	80	63	70
4	0003	张粟峰	65	85	73	76
5	0004	叶晓兵	80	85	74	78
6	0005	林木森	85	75	80	79
7	0006	彭敏丽	85	85	72	77
8	0007	胡 冰	85	85	81	83
9	0008	李立溪	75	75	69	71
10	0009	蔡晓林	75	75	78	77
11	0010	朱妮妮	85	85	69	75
12	0011	黄孟秀	85	85	84	84
13	0012	李 丽	75	85	80	81
14	0013	杨鸿斌	75	75	82	79
15	0014	黄小华	90	75	70	74
16	0015	黄绍林	90	85	69	76
17	0016	金家权	75	85	71	76
18	0017	伍世雄	85	80	69	74
19	0018	李志华	85	80	79	80
20	0019	曾成有	75	85	68	74
21	0020	曾康荣	90	90	79	83

图 3.4 计算“总评成绩”图

3. 单元格格式设置

(1) 插入标题行：在 Sheet1 工作表中，右键单击 A1 单元格选择“插入”命令，屏幕出现“插入”对话框，单击“整行”单选按钮后，即可在所选单元格的上方插入一行，输入“计算机应用基础课程成绩登记表”。同样，右键单击需要删除区域并选择“删除”命令，屏幕出现“删除”对话框，单击“整行”单选按钮后，即可删除所选区域。

(2) 标题行格式设置：选取 A1：F1 单元格区域，在“开始”功能区中选择 合并后居中 ，或右键单击选中区域选择“设置单元格格式”命令，出现如图 3.5 所示对话框，在弹出的“设置单元格格式”对话框中选择“对齐”选项卡，在“水平对齐”下拉列表框中选择“跨列居中”，使标题行单元格合并，标题居中；然后双击标题所在单元格，在“开始”功能区中将标题字体设置“宋体，加粗，16 号，红色”，或右键单击选中区域选择“设置单元格格式”命令，出现如图 3.6 所示“设置单元格格式”对话框，选择“字体”选项卡进行字体、字号和颜色设置。

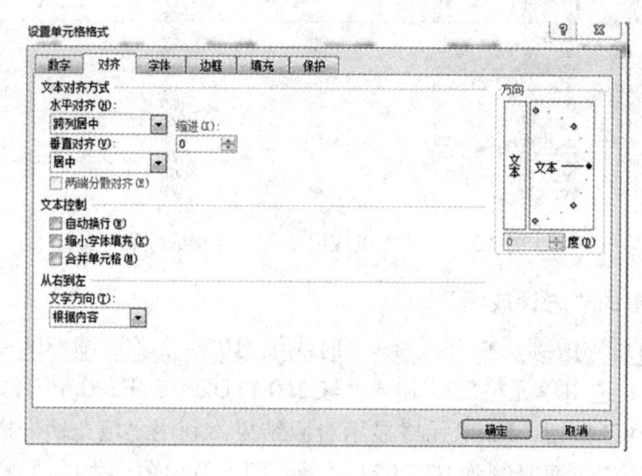

图 3.5 “设置单元格格式”对话框

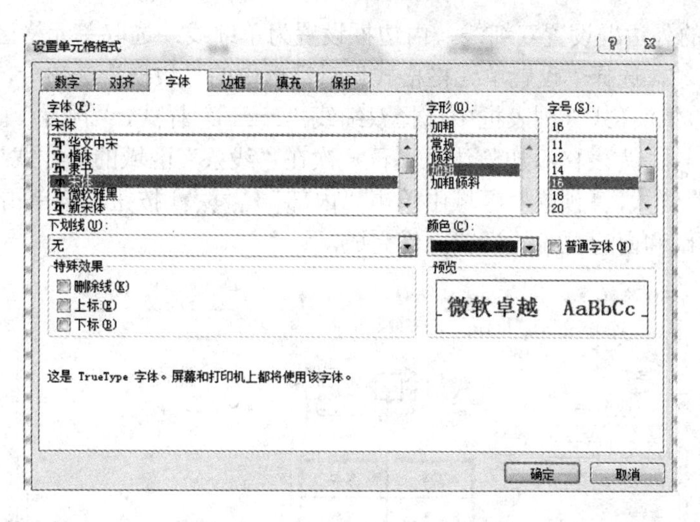

图 3.6 “设置单元格格式”对话框

(3) 设置第2行行高为20，第1列列宽为12：选中工作表中的第2行，右键单击选中区域，选择“行高”命令，在弹出的“行高”对话框的文本框中输入数字“20”，如图3.7所示，单击“确定”按钮，用类似的方法可设置列宽为“12”。或在“开始”功能区选择 格式 按钮进行相关设置。

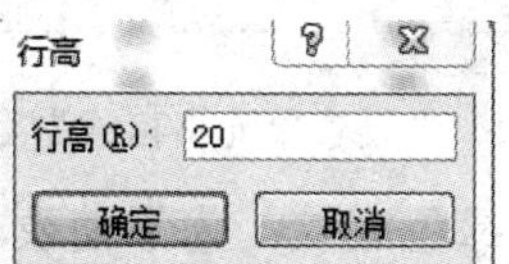

图 3.7 “行高”对话框

(4) 设置表头和数据的水平与垂直对齐方式为“居中”：右键单击选中A3:F21区域，选择“设置单元格格式”命令，在弹出的“设置单元格格式”对话框中选择“对齐”选项卡，在“水平对齐”和“垂直对齐”下拉列表框中选择“居中”，如图3.8所示，再单击“确定”按钮。或在“开始”功能区中选择 “居中”对齐按钮，将选中区域单元格中的数据和文字的水平方向和垂直方向设置为居中。

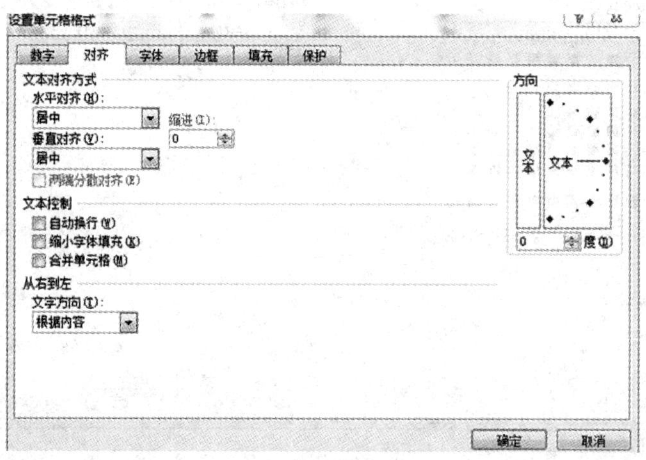

图 3.8 “设置单元格格式”对话框

(5) 将表格的外边框设置双细线，内边框设置为单细线：选取单元格区域 A2：F22，右键单击选中区域，选择“设置单元格格式”对话框中的“边框”选项卡，如图 3.9 所示，在“线条”区域的“样式”列表框中选择双细线“══”样式，“预置”区域中单击“外边框”按钮 外边框(O)，为表格添加外边框；再一次在“线条”区域的“样式”列表框中选择单细线“——”样式，“预置”区域中单击“内部” 内部(I) 按钮，再单击“确定”按钮，即表格的外边框线和内边框线的设置操作完成。

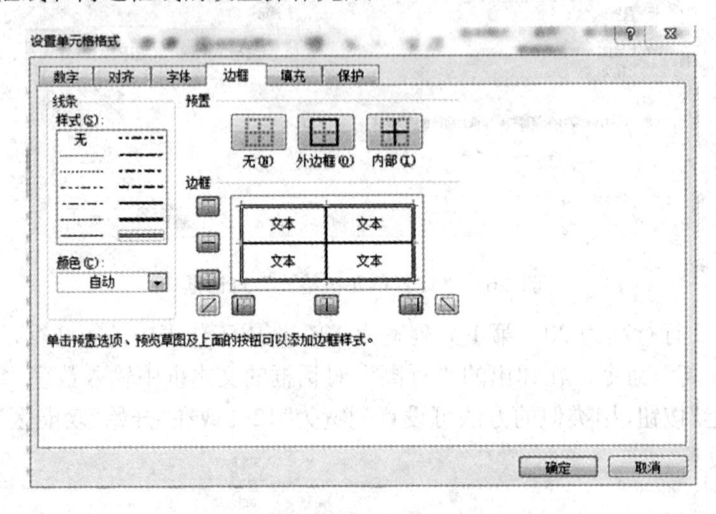

图 3.9 “设置单元格格式”对话框

(6) 将表格列标题区域设置浅绿色底纹：为了使表格的标题与数据以及计算数据之间区分明显，将标题设置浅灰色的底纹颜色，具体操作步骤如下：选取 A2:F2 区域，右击选择“设置单元格格式”命令，在弹出的“设置单元格格式”对话框中选择“填充”选项卡，如图 3.10 所示，在“背景色”区域中选取“浅绿色”，再单击“确定”按钮，即可完成标题底纹颜色的设置。

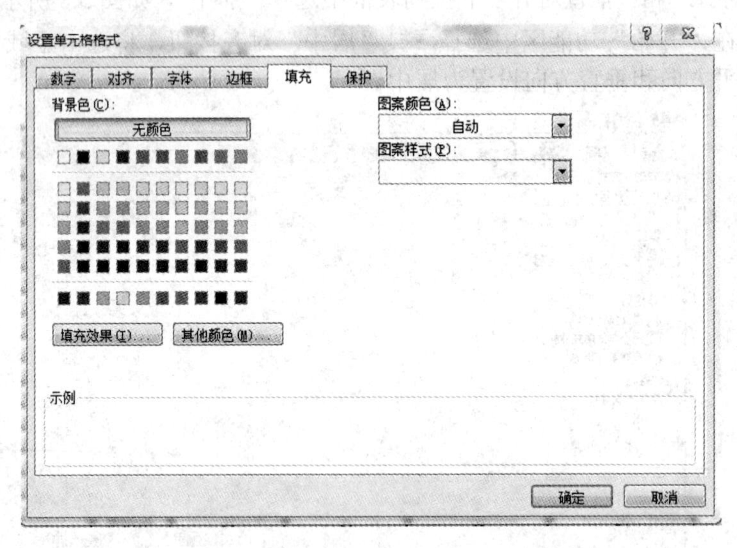

图 3.10 “设置单元格格式”对话框

4．工作表的备份与命名

在工作簿中快速双击 Sheet1 工作表标签，当工作表标签显示被选中时，输入要修改的名称“《计算机应用基础》课程成绩”；右击“《计算机应用基础》课程成绩”工作表标签，选择“移动或复制工作表”命令，在弹出的“移动或复制工作表”对话框中，选中“建立副本”选项前面的复选框，即完成对“‘计算机应用基础’课程成绩”工作表建立备份，如图 3.11 所示。再右击刚复制好的工作表标签，在弹出的菜单中选择“重命名”命令，在反向选择中输入新文件名“备份数据”，即完成重命名的操作。

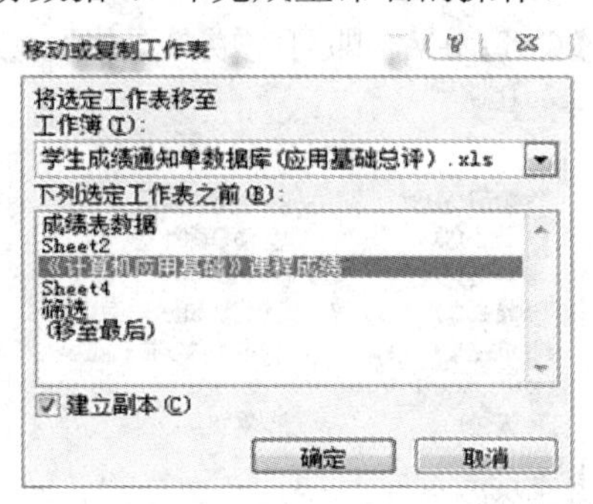

图 3.11　“移动或复制工作表”对话框

5．由多工作表数据生成“各科成绩表”

(1) 插入新工作表：打开“成绩表.xlsx”工作簿，选择“《计算机应用基础》课程成绩”工作表作为当前工作表，右击“‘计算机应用基础’课程成绩”工作表标签，选择“插入”命令，当新工作表插入后，将工作表更名为“各科成绩表”。

(2) 单元格数据的复制与粘贴：将“‘计算机应用基础’程成绩”工作表中“学号”、“姓名”列的数据复制到“各科成绩表”工作表中，具体操作步骤如下：选定“‘计算机应用基础’课程成绩”工作表，选择要复制的单元格区域 A2:B22，在“开始”功能区上单击“复制”按钮，当选中单元格区域的四周会出现一个闪烁的虚线框时，切换工作表到“各科成绩表”工作表，选择 A1 单元格，在“开始”功能区上单击“粘贴”按钮，“学号”、列数据被粘贴到“各科成绩表”工作表的目标单元格，并将如图 3.12 所示剩下的数据输入完整。

	A	B	C	D	E	F	G	H	I
1	学号	姓名	高等数学	C语言程序设计	计算机基本操作实验	计算机应用基础	总分	平均分	名次
2	0001	张 勤	75	78	90				
3	0002	吴宇林	85	77	80				
4	0003	张栗峰	65	87	65				
5	0004	叶晓兵	80	86	85				
6	0005	林木森	85	90	75				
7	0006	彭敏丽	85	65	85				
8	0007	胡 冰	85	69	85				
9	0008	李立溪	75	91	75				
10	0009	蔡晓林	75	66	64				
11	0010	朱妮妮	85	62	85				
12	0011	黄孟秀	85	87	85				
13	0012	李 丽	75	61	85				
14	0013	杨鸿斌	75	56	75				
15	0014	黄小华	90	73	75				
16	0015	黄绍林	90	75	85				
17	0016	金家权	75	88	85				
18	0017	伍世雄	85	78	80				
19	0018	李志华	85	64	80				
20	0019	曾成有	75	86	85				
21	0020	曾康荣	80	83	90				
22	最高分								
23	平均分								

图 3.12　各科成绩表

(3) 利用选择性粘贴，将“总评成绩”列数据复制到“各科成绩表”表的目标单元格：在“《计算机应用基础》课程成绩”工作表中选取 F2:F22 单元格区域，在“开始”功能区上单击“复制” 复制 按钮，当选中单元格区域四周出现一个闪烁的虚线框时，切换工作表到“各科成绩表”工作表中，右击 F2 单元格，在弹出的快捷菜单中选择“选择性粘贴”命令，屏幕出现“选择性粘贴”对话框，点击“粘贴”区域中“数值”单选按钮，再单击“确定”命令按钮，即可完成“计算机应用基础”课程“总评成绩”复制到“各科成绩表”工作表中的操作，如图 3.13 所示。反之，当选取单元格区域后，选择“开始”功能区内的“移动”按钮或使用快捷键【Ctrl】+V，即可完成单元格区域数据的移动操作。

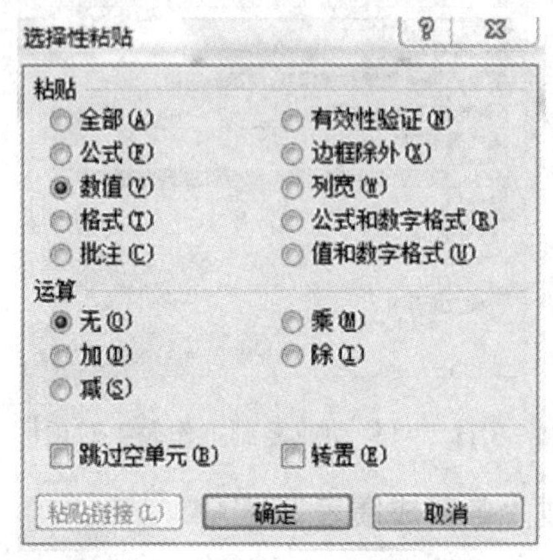

图 3.13 “选择性粘贴”对话框

6. 计算“各科成绩表”工作表的“总分”与“平均分”

单击“各科成绩表”工作表，用 SUM 函数和 AVERAGE 函数分别完成每个学生的“总分”与“平均分”计算，具体操作步骤如下：将鼠标移动到 G2 单元格，在“开始”功能区选择“ Σ 自动求和 · ”旁的黑色三角按钮，在出现的下拉菜单中选择“求和”，屏幕上出现求和函数 SUM 以及求和数据区域，再点击编辑栏上的“√”按钮，G2 单元格显示对应结果，如图 3.14 所示。利用“填充柄”拖动鼠标直到 G21 后，即可完成“总分”计算操作。

AVERAGE ▾ × ✓ fx =SUM(C2:F2)

	A	B	C	D	E	F	G	H	I
1	学号	姓名	高等数学	C语言程序设计	计算机基本操作实验	计算机应用基础	总分	平均分	名次
2	0001	张 勤	75	78	90	87	=SUM(C2:F2)		
3	0002	吴宇林	85	77	80	70	312.3		
4	0003	张粟峰	65	87	65	76	292.8		
5	0004	叶晓兵	80	86	85	78	328.9		
6	0005	林木森	85	90	75	79	329		
7	0006	彭敏丽	85	65	85	77	312.2		
8	0007	胡 冰	85	69	85	83	321.6		
9	0008	李立溪	75	91	75	71	312.4		
10	0009	蔡晓林	75	66	64	77	281.8		
11	0010	朱妮妮	85	62	85	75	307.4		
12	0011	黄孟秀	85	87	85	84	341.4		
13	0012	李 丽	75	61	85	81	302		
14	0013	杨鸿斌	75	56	75	79	285.2		
15	0014	黄小华	90	73	75	74	311.5		
16	0015	黄绍林	90	75	85	76	325.9		
17	0016	金家权	75	88	85	76	323.6		
18	0017	伍世雄	85	78	80	74	316.9		
19	0018	李志华	85	64	80	80	308.9		
20	0019	曾成有	75	86	85	74	319.8		
21	0020	曾康荣	80	83	90	83	336.4		
22	最高分								
23	平均分								

图 3.14 “总分”计算

再将鼠标移动到 H2 单元格，在“开始”功能区选择“Σ 自动求和 ▾”旁的黑色三角按钮，在出现的下拉菜单中选择“平均值”，屏幕上出现求平均值函数 AVERAGE 以及求平均值数据区域，观察数据区域是否正确，不正确则需要修改数据区域，再单击编辑栏上的“√”按钮。当 H2 单元格结果出来之后，利用“填充柄”拖动鼠标一直到 H21，即可完成“平均值”计算操作。并利用“开始”功能区中的 .00→.0 按钮，将所有的“总分”和“平均值”数据的小数点保留 1 位。采用同样的方法，可以计算出各科成绩的“最高分”、“平均分”。

7. 计算各位同学的总分“排名”

用 RANK 函数来完成各位同学的总分“排名”，具体操作步骤如下：在“各科成绩表”工作表中，用鼠标选定 I2 单元格，单击“开始”功能区中“Σ 自动求和 ▾”按钮旁的黑色三角，在出现的下拉菜单中选择“其他函数”命令，即可弹出如图 3.15(a)所示的“插入函数”对话框，在“或选择类别(C):”栏中选择“全部”，在“选择函数(V):”栏中选择“RANK”函数，点击“确定”后得到“函数参数”对话框，如图 3.15(b)所示。对其中三个参数进行设置。注意：在设置“Ref”参数时，一定要用到绝对地址。再点击“确定”按钮，当 I2 单元格结果显示出来之后，利用“填充柄”拖动鼠标直到 I21，单元格 I2 中的公式将快速复制到 I3：I21 区域，即可完成计算各位同学的“排名”操作，并观察数据区域数据是否正确。

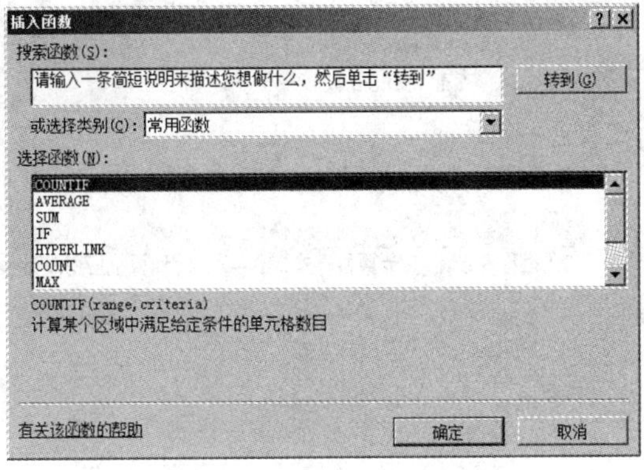

(a) “插入函数”对话框

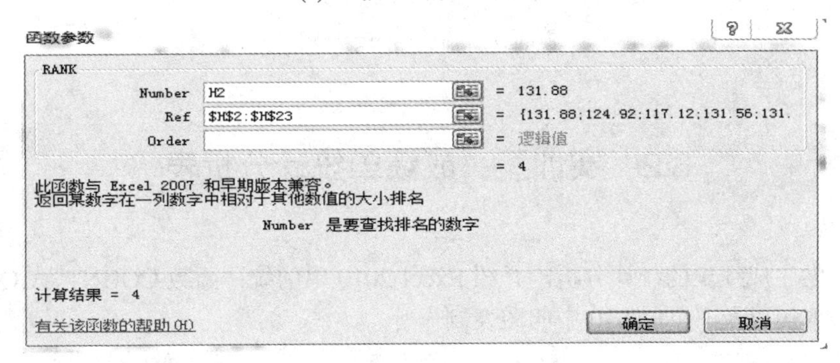

(b) “函数参数”对话框

图 3.15　“插入函数”和“函数参数”对话框

8. 自动筛选“总分”成绩高于或等于 320 分的数据记录

将“各科成绩表”工作表复制一份，并将复制后的工作表改名为“自动筛选”，自动筛

选“总分”成绩符合条件的具体操作步骤如下：选择 A2：I21 单元格，在“开始”功能区选择““ 排序和筛选 ”按钮下的黑色三角按钮，选中“筛选”命令后，单击“总分”下拉组合框，选择“数字筛选”→“大于或等于”命令，如图 3.16 所示，接着打开“自定义自动筛选方式”对话框，如图 3.17 所示，在对话框的“显示行”→“总分”区域选择“大于或等于”，并输入数字“320”，点击“确定”按钮，即可筛选出“总分”成绩高于或等于 320 分的学生，筛选后的效果图如图 3.18 所示。将结果存盘：单击“文件”菜单，选择“另存为”选项，最后将“成绩表.xlsx”工作簿保存。

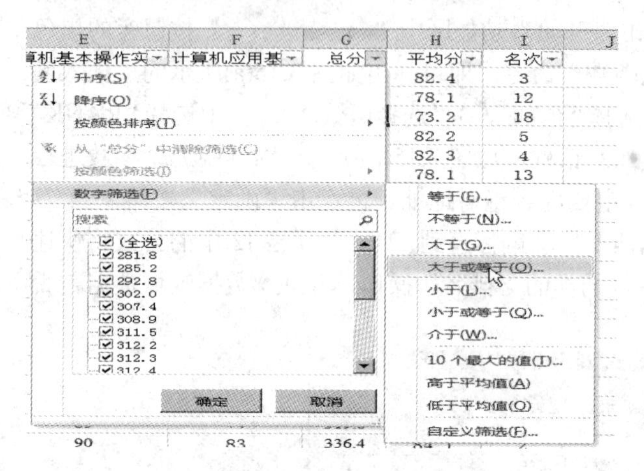

图 3.16 “数字筛选”→“大于或等于”对话框

自定义自动筛选方式
显示行：
总分
大于或等于 320
与(A) 或(O)
可用 ? 代表单个字符
用 * 代表任意多个字符
确定 取消

图 3.17 “自定义自动筛选方式”对话框

	A	B	C	D	E	F	G	H	I
1	学号	姓名	高等数学	C语言程序设计	计算机基本操作实验	计算机应用基础	总分	平均分	名次
2	0001	张 勤	75	78	90	86.7	329.7	82.425	3
5	0004	叶晓兵	80	86	85	77.9	328.9	82.225	5
6	0005	林木森	85	90	75	79	329	82.25	4
8	0007	胡 冰	85	69	85	82.6	321.6	80.4	8
12	0011	黄孟秀	85	87	85	84.4	341.4	85.35	1
16	0015	黄绍林	90	75	85	75.9	325.9	81.475	6
17	0016	金家权	75	88	85	75.6	323.6	80.9	7
21	0020	曾康荣	80	83	90	83.4	336.4	84.1	2

图 3.18 筛选后的效果图

3.2 实训二：成绩单统计分析表

通过对学生成绩表的统计分析，介绍 Excel 2010 中的统计函数 COUNT、COUNTIF，条件格式的使用以及 Excel 2010 中的图表制作等。

3.2.1 任务提出

根据“各科成绩表”中的数据，完成图表的创建、分类汇总，统计各分数段人数，将各科单科成绩高于或等于 90 分的分数置为红色。

3.2.2 相关知识

1. 图表

图表是工作表数据的图形表示，用户可以很直观、容易地从中获取大量信息。Excel 2010有很强的内置图表功能，可以很方便地创建各种图表。

2. 分类汇总

分类汇总是指对数据列表中的数据按照某一字段进行分类，将字段值相同的归为一类，然后再进行求和、计算、求平均值、求最大值、求最小值等汇总运算。在做分类汇总前，必须先对要分类的字段进行排序。在分类汇总时，需要选择分类的字段，确定汇总方式以及选择要汇总的各字段。

3.2.3 实现方法

1. 计算各科课程各分数段人数

切换工作表到“各科成绩表”工作表，将“各科成绩表”工作表复制一份，并将复制后的工作表改名为“分数段人数统计表”，选择A24单元格，输入“各分数段人数”，移动鼠标到B24，分别向下输入“0～59”、“60～70”、“70～80”、“80～90”和“90～100”，利用 COUNTIF 函数计算各分数段人数，具体操作步骤如下：选中单元格 C24，输入“=COUNTIF(C2:C21,"<60")”公式，单击编辑栏上的“√”按钮，C24单元格显示对应结果。利用“填充柄”拖动鼠标直到F24，即可将C24中的公式快速复制到F24区域，这样计算出各科课程“0～60”分数段的人数；同样，“60～70”分数段人数=“0～70”分数段人数—“0～59”分数段人数，即选中 B25 单元格，输入公式“= COUNTIF(C2:C21,"<70")—COUNTIF(C2:C21,"<60")”，用相同方法计算出“70～80”、“80～90”和“90～100”各分数段人数，结果如图3.19所示。

C28 =COUNTIF(C2:C21,"<100")-COUNTIF(C2:C21,"<90")

	A	B	C	D	E	F	G	H	I
1	学号	姓名	高等数学	C语言程序设计	计算机基本操作实验	计算机应用基础	总分	平均分	名次
2	0001	张 勤	75	78	90	87	329.7	82.4	3
3	0002	吴宇林	85	77	80	70	312.3	78.1	12
4	0003	张震峰	65	87	65	76	292.8	73.2	18
5	0004	叶晓兵	80	86	85	78	328.9	82.2	5
6	0005	林木森	85	90	75	79	329	82.3	4
7	0006	彭敏丽	85	65	85	77	312.2	78.1	13
8	0007	胡 冰	85	69	85	83	321.6	80.4	8
9	0008	李立溪	75	91	75	71	312.4	78.1	11
10	0009	蔡晓林	75	66	64	77	281.8	70.5	20
11	0010	朱妮妮	85	62	85	75	307.4	76.9	16
12	0011	黄孟秀	85	87	85	84	341.4	85.4	1
13	0012	李 丽	75	61	85	81	302	75.5	17
14	0013	杨鸿斌	75	56	75	79	285.2	71.3	19
15	0014	黄小华	90	73	75	74	311.5	77.9	14
16	0015	黄绍林	90	75	85	76	325.9	81.5	6
17	0016	金家权	75	88	85	76	323.6	80.9	7
18	0017	伍世雄	85	78	80	74	316.9	79.2	10
19	0018	李志华	85	64	80	80	308.9	77.2	15
20	0019	曾成有	75	86	85	74	319.8	80.0	9
21	0020	曾康荣	80	83	90	83	336.4	84.1	2
22	最高分		90	91	90	87			
23	平均分		80.5	76.1	80.7	78			
24	各分数段人数	0--59	0	1	0	0			
25		60--70	1	6	2	0			
26		70--80	7	5	4	15			
27		80--90	10	6	12	5			
28		90--100	2	2	2	0			

图3.19 分数段人数统计图

2．将成绩高于或等于 90 分的单元格设置成“红色”

利用条件格式将所有成绩高于或等于 90 分的单元格设置成“红色字体”，具体操作步骤如下：选中 C2：F21 单元格区域，在“开始”功能区中点击“条件格式”按钮后，选择“突出显示单元格规则”之“其他规则”选项，在弹出如图 3.20 的“新建格式规则”对话框中进行设置，将“只为满足以下条件的单元格设置格式”区域设置为“单元格值”和“大于或等于”，并输入数字 90，接着点击“格式”按钮，打开“设置单元格格式”对话框，如图 3.21 所示，在“颜色”区域中选“红色”，点击“确定”按钮，即完成成绩高于或等于 90 分的单元格设置成“红色”的操作。

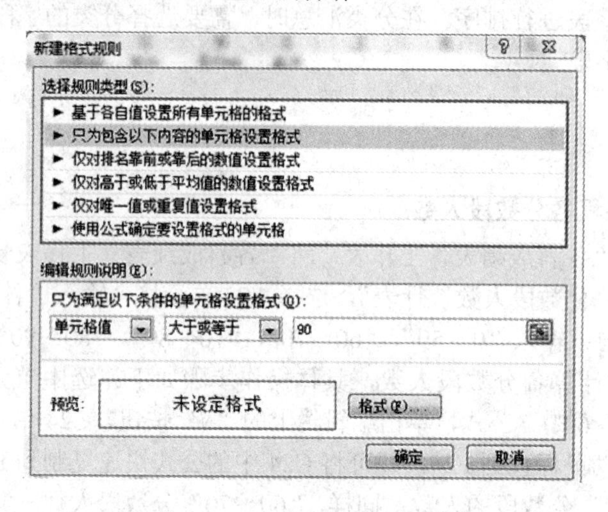

图 3.20　“新建格式规则”对话框

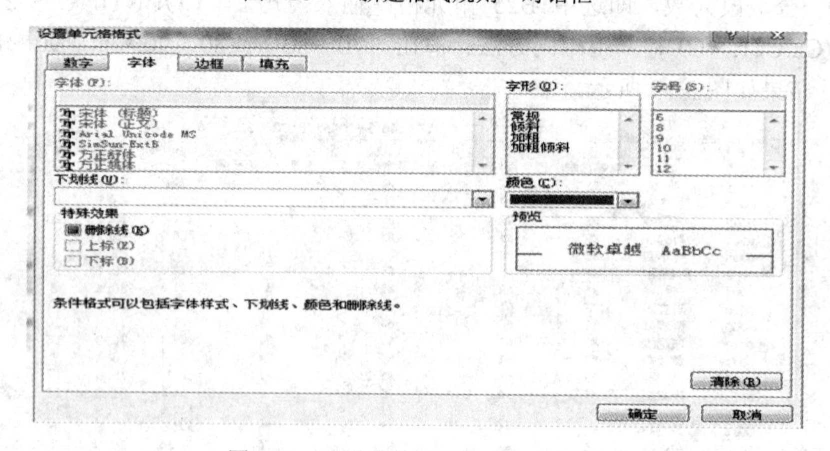

图 3.21　“设置单元格格式”对话框

3．根据各分数段人数制作簇状柱形图表

打开“各科成绩表”工作表，将“各科成绩表”工作表复制一份，并将复制后的工作表改名为“簇状柱形图表”，先选择 B1:F1 单元格区域，再按【Ctrl】键的同时选择 B24:F28 单元格区域，执行“插入”功能区选择命令下的黑色三角按钮，选中“簇状柱形图”

命令，或单击“图表”功能区的“ ”按钮，打开如图3.22所示的对话框，选择“柱状图”中的“簇状柱形图”，创建成功。修改已创建好的图表数据，将学生成绩全部显示，则在图表中单击右键，快捷菜单中选择“选择数据”，打开如图3.23所示的“选择数据源”对话框。

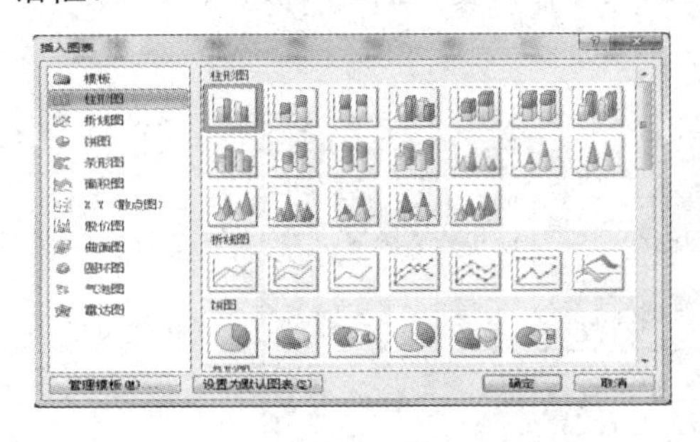

图3.22 “插入图表”对话框

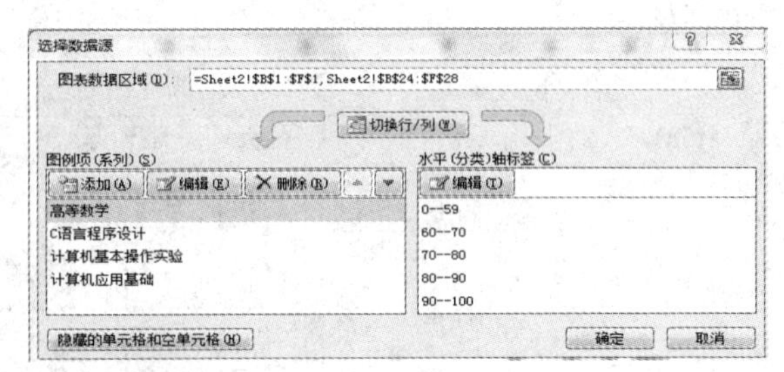

图3.23 “选择数据源”对话框

在“图表工具”栏中单击“布局”，如图3.24所示，选择“图表标题”，填入“分数段人数统计图”，选择“坐标轴标题”的“主要横坐标轴标题”栏填入“分数段”，在“主要纵坐标轴标题”栏填入“人数”。

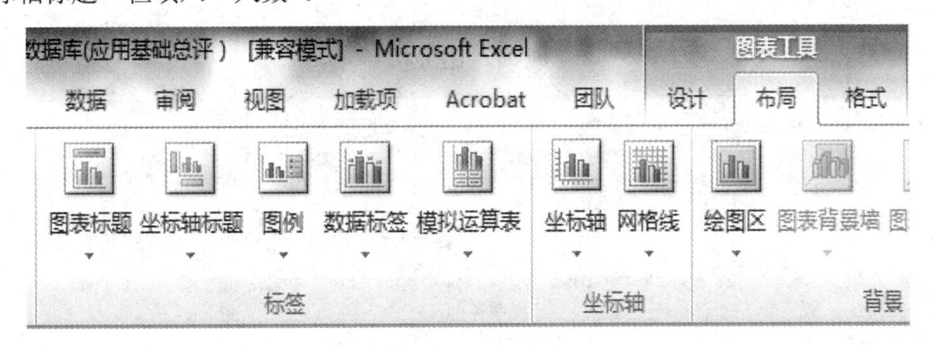

图3.24 “图表工具之布局”对话框

拖曳鼠标改变图表大小并移动图表至适当位置，生成的簇状柱形图表如图3.25所示。单击“文件”菜单，选择“另存为”选项，输入文件名为“成绩统计”，将结果存盘。

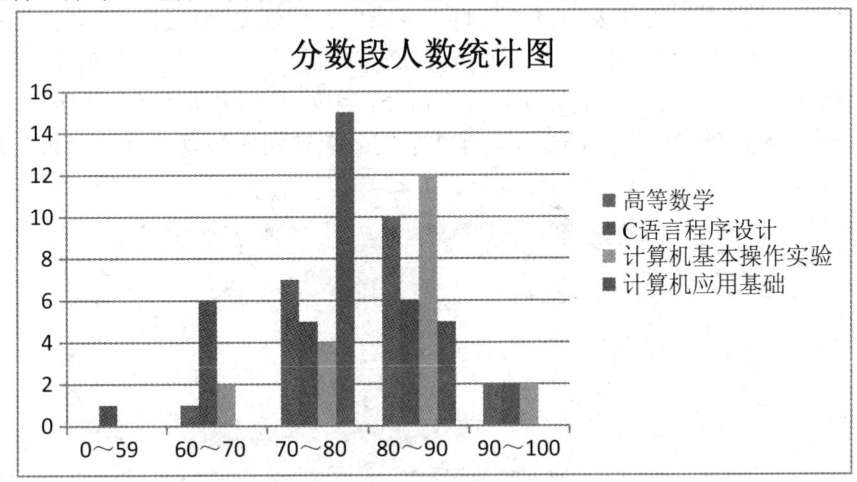

图3.25 “分数段人数统计”簇状柱形图

4．修改图表类型为折线图

激活图表，选择“图表工具”→“设计”→“类型”组中的“更改图表类型”选项，显示如图 3.26 所示的“更改图表类型”对话框，选择“折线图”中的“折线图”，效果如图 3.27 所示。单击“文件”菜单，选择“另存为”选项，输入文件名为“成绩统计 2”，将结果存盘。

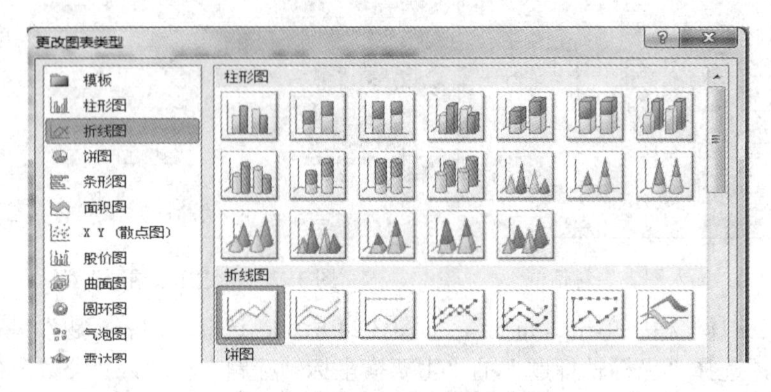

图 3.26 “更改图表类型”对话框

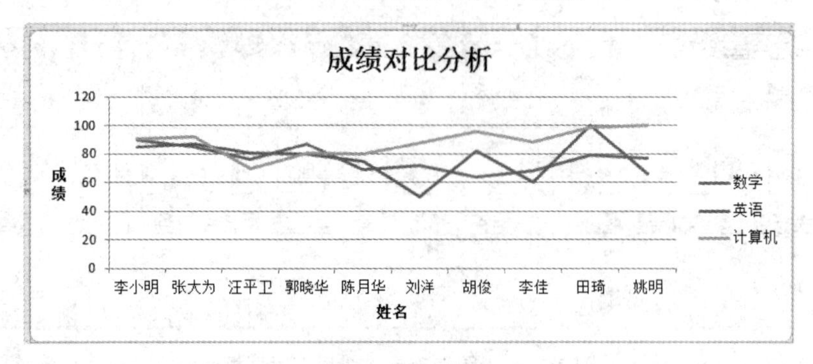

图 3.27 折线图

5．对总分(降序)和高等数学(升序)排列

打开“各科成绩表”工作表，将“各科成绩表”工作表复制一份，并将复制后的工作表改名为“排序”，在“排序”工作表中，选择 A2:G21 单元格，执行“开始”功能区中 排序和筛选 命令下的黑色三角按钮，选中“自定义排序”命令，在如图 3.28 所示的“排序”对话框中，设置对总分降序和高等数学升序的操作，排序后的效果如图 3.29 所示，将结果存盘。

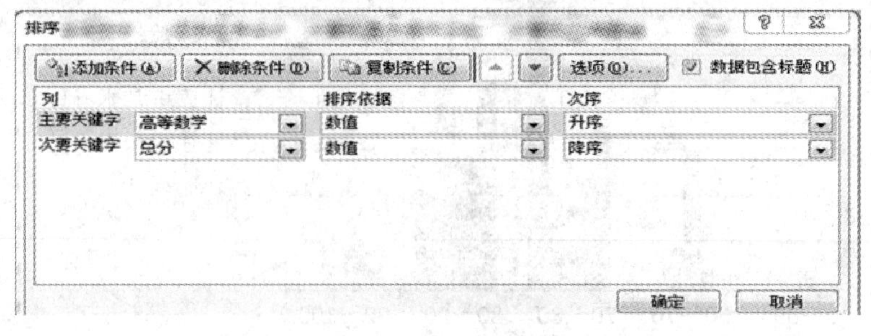

图 3.28 “排序”对话框

	A	B	C	D	E	F	G
1	学号	姓名	高等数学	C语言程序设计	计算机基本操作实验	计算机应用基础	总分
2	0003	张粟峰	65	87	65	76	292.8
3	0001	张 勤	75	78	90	87	329.7
4	0016	金家权	75	88	85	76	323.6
5	0019	曾成有	75	86	85	74	319.8
6	0008	李立溪	75	91	75	71	312.4
7	0012	李 丽	75	61	85	81	302.0
8	0013	杨鸿斌	75	56	75	79	285.2
9	0009	蔡晓林	75	66	64	77	281.8
10	0020	曾康荣	80	83	90	83	336.4
11	0004	叶晓兵	80	86	85	78	328.9
12	0011	黄孟秀	85	87	85	84	341.4
13	0005	林木森	85	90	75	79	329.0
14	0007	胡 冰	85	69	85	83	321.6
15	0017	伍世雄	85	78	80	74	316.9
16	0002	吴宇林	85	77	80	70	312.3
17	0006	彭敏丽	85	65	85	77	312.2
18	0018	李志华	85	64	80	80	308.9
19	0010	朱妮妮	85	62	85	75	307.4
20	0015	黄绍林	90	75	85	76	325.9
21	0014	黄小华	90	73	75	74	311.5

图 3.29　排序后的效果图

6．统计各专业学生各科平均分

打开“各科成绩表”工作表，将“各科成绩表”工作表复制一份，并将复制后的工作表改名为“分类汇总”，右键单击 C1 单元格选择“插入”命令，屏幕出现“插入”对话框，单击“整列”单选按钮后，即可在所选单元格的左边插入一列，并将该列输入数据“专业”“计算机”“网络”“网络”“安全”“网络”“安全”“网络”“安全”“安全”“计算机”“网络”“安全”“网络”“安全”“安全”“计算机”“网络”“安全”“安全”“网络”，选择 A2:H21 单元格，执行“数据”功能区中“排序” 命令，设置专业按照升序或降序排序。排序后的效果如图 3.30 所示。

	A	B	C	D	E	F	G	H
1	学号	姓名	专业	高等数学	C语言程序设计	计算机基本操作实验	计算机应用基础	总分
2	0019	曾成有	安全	75	86	85	74	319.8
3	0012	李 丽	安全	75	61	85	81	302.0
4	0009	蔡晓林	安全	75	66	64	77	281.8
5	0020	曾康荣	安全	80	83	90	83	336.4
6	0005	林木森	安全	85	90	75	79	329.0
7	0017	伍世雄	安全	85	78	80	74	316.9
8	0002	吴宇林	安全	85	77	80	70	312.3
9	0010	朱妮妮	安全	85	62	85	75	307.4
10	0015	黄绍林	安全	90	75	85	76	325.9
11	0003	张粟峰	计算机	65	87	65	76	292.8
12	0004	叶晓兵	计算机	80	86	85	78	328.9
13	0006	彭敏丽	计算机	85	65	85	77	312.2
14	0014	黄小华	网络	90	73	75	74	311.5
15	0001	张 勤	网络	75	78	90	87	329.7
16	0016	金家权	网络	75	88	85	76	323.6
17	0008	李立溪	网络	75	91	75	71	312.4
18	0013	杨鸿斌	网络	75	56	75	79	285.2
19	0011	黄孟秀	网络	85	87	85	84	341.4
20	0007	胡 冰	网络	85	69	85	83	321.6
21	0018	李志华	网络	85	64	80	80	308.9

图 3.30　排序后的效果图

再选择 A2:G21 单元格，单击“数据”功能区中“分级显示”组的“分类汇总”命令，弹出如图 3.31 所示的“分类汇总”对话框，在该对话框中分别设置分类字段为“专业”、汇总方式为“平均值”，选定汇总项为各门课程，再选中“替换当前分类汇总”和“汇总结果显示在数据下方”之前的复选框，选定后单击“确定”按钮，系统自动按照各专业学生各科平均分分类汇总，分类汇总后的效果如图 3.32 所示，将结果存盘。

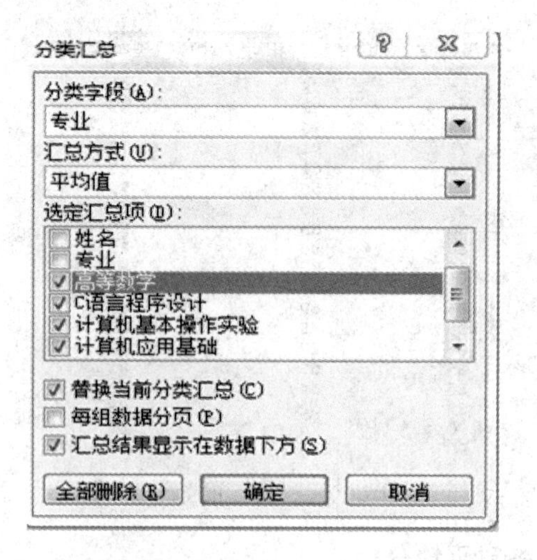

图 3.31 “分类汇总”对话框

	A	B	C	D	E	F	G	H
1	学号	姓名	专业	高等数学	C语言程序设计	计算机基本操作实验	计算机应用基础	总分
2	0019	曾成有	安全	75	86	85	74	319.8
3	0012	李 丽	安全	75	61	85	81	302.0
4	0009	蔡晓林	安全	75	66	64	77	281.8
5	0020	曾康荣	安全	80	83	90	83	336.4
6	0005	林木森	安全	85	90	75	79	329.0
7	0017	伍世雄	安全	85	78	80	74	316.9
8	0002	吴宇林	安全	85	77	80	70	312.3
9	0010	朱妮妮	安全	85	62	85	75	307.4
10	0015	黄绍林	安全	90	75	85	76	325.9
11			安全 平均(	81.6666667	75.33333333	81	77	
12	0003	张粟峰	计算机	65	87	65	76	292.8
13	0004	叶晓兵	计算机	80	86	85	78	328.9
14	0006	彭敏丽	计算机	85	65	85	77	312.2
15			计算机 平均	76.6666667	79.33333333	78.33333333	77	
16	0014	黄小华	网络	90	73	75	74	311.5
17	0001	张 勤	网络	75	78	90	87	329.7
18	0016	金家权	网络	75	88	85	76	323.6
19	0008	李立溪	网络	75	91	75	71	312.4
20	0013	杨鸿斌	网络	75	56	75	79	285.2
21	0011	黄孟秀	网络	85	87	85	84	341.4
22	0007	胡 冰	网络	85	69	85	83	321.6
23	0018	李志华	网络	85	64	80	80	308.9
24			网络 平均值	80.625	75.75	81.25	79	
25			总计平均值	80.5	76.1	80.7	78	

图 3.32 分类汇总后的效果图

3.3 实训三：工 资 管 理

本小节以某公司工资管理为例，介绍 Excel 的综合应用，主要包括 VLOOKUP 函数的嵌套使用，IF 函数的嵌套使用等。

3.3.1 任务提出

小顾是装饰公司的会计，主要负责公司职工的工资，每月要计算出公司职工的基本工资，奖金和个人所得税。最近公司对职工进行了一次 Office 办公软件培训，公司希望能用 Excel 2010 对公司职工工资进行管理并计算公司职工的“实发工资”。

公司职工的工资包括两部分：基本工资和奖金。其中基本工资包含：职务工资、工龄工资和学历工资，根据这 3 部分计算出公司职工的基本工资，各部分分配标准如图 3.33 所示。

职务工资	
职务	职务工资
总经理	6000
部门经理	3500
总工程师	3500
工程师	2000
助理工程师	1200
业务主管	1500
业务员	800
技工	800

工龄工资	
工龄	工龄工资
工龄>15	1200
15>工龄>=10	1000
10>工龄>=5	800
工龄<5	500

学历工资	
学历	学历工资
研究生	1200
本科	1000
大专	800
中专	500
高中	500
初中	300

图 3.33　基本工资的构成及分配标准

按公司规定职工每月还需缴纳“社会保险”，社会保险包括养老保险，医疗保险，失业保险，住房公积金 4 部分。各部分比例如下：

养老保险 = 基本工资 × 9%　　　　医疗保险 = 基本工资 × 3%

失业保险 = 基本工资 × 2%　　　　住房公积金 = 基本工资 × 8%

奖金则是按照考核等级计算，“考核情况表”工作表中考核等级与奖金的关系如图 3.34 所示。

	A	B	C
1	职工编号	考核等级	奖金
2	003211	优秀	3000
3	003212	良好	2000
4	003213	良好	2000
5	003214	优秀	3000
6	003215	中等	1000
7	003216	良好	2000
8	003217	中等	1000
9	003218	中等	1000
10	003219	良好	2000

图 3.34　“考核情况表”工作表

公司“职工信息”表如图 3.35 所示。

	A	B	C	D	E	F
1			职工基本信息表			
2	职工编号	姓名	部门	职务	学历	工作日期
3	003211	林 勤	机关	总经理	研究生	1990-08-20
4	003212	吴 林	销售部	总经理	研究生	1993-05-22
5	003213	张宇峰	客服中心	部门经理	本科	1997-02-20
6	003214	叶立兵	技术部	部门经理	本科	1996-12-12
7	003215	吴 冰	客服中心	业务员	本科	1999-03-20
8	003216	彭晓丽	销售部	业务员	本科	1998-06-01
9	003217	胡 冰	技术部	助理工程师	本科	1998-09-22
10	003218	李立溪	销售部	部门经理	大专	1999-12-23
11	003219	蔡 林	客服中心	业务员	大专	1997-09-16

图 3.35　“职工信息”表

3.3.2　解决方案

先根据上面的工作表计算“基本工资及社会保险”工作表中的各项数值，如图 3.36 所示，然后计算出“工资总表”工作表中的各项数值，如图 3.37 所示。员工“基本工资”和“奖金”的计算可以用 VLOOKUP 函数来计算，个人所得税可以用 IF 函数的嵌套来计算，也可以用 VLOOKUP 函数来计算。

	A	B	C	D	E	F	G	H	I	J	K
1	基本工资和社会保险										
2	职工编号	工龄	工龄工资	职务工资	学历工资	基本工资	养老保险	医疗保险	失业保险	住房公积金	社会保险
3	003211	25	1200	6000	1200	8400	672	168	84	588	1512
4	003212	22	1200	6000	1200	8400	672	168	84	588	1512
5	003213	18	1200	3500	1000	5700	456	114	57	399	1026
6	003214	19	1200	3500	1000	5700	456	114	57	399	1026
7	003215	16	1200	800	1000	3000	240	60	30	210	540
8	003216	17	1200	800	1000	3000	240	60	30	210	540
9	003217	17	1200	1200	1000	3400	272	68	34	238	612
10	003218	16	1200	3500	800	5500	440	110	55	385	990
11	003219	18	1200	800	800	2800	224	56	28	196	504

图 3.36 “基本工资及社会保险”工作表

	A	B	C	D	E	F	G	H	I	J
1	职工工资总表									
2	职工编号	姓名	部门	基本工资	奖金	社会保险	应发工资	应纳税工资额	个人所得税	应发工资
3	003211	林勤	机关	8400	3000	1512	9888	6888	1377.6	8510
4	003212	吴 林	销售部	8400	2000	1512	8888	5888	1177.6	7710
5	003213	张宇峰	客服中心	5700	2000	1026	6674	3674	367.4	6307
6	003214	叶立兵	技术部	5700	3000	1026	7674	4674	934.8	6739
7	003215	吴 冰	客服中心	3000	1000	540	3460	460	13.8	3446
8	003216	彭晓丽	销售部	3000	2000	540	4460	1460	43.8	4416
9	003217	胡 冰	技术部	3400	1000	612	3788	788	23.64	3764
10	003218	李立溪	销售部	5500	1000	990	5510	2510	251	5259
11	003219	蔡 林	客服中心	2800	2000	504	4296	1296	38.88	4257

图 3.37 “工资总表”工作表

3.3.3 相关知识

1．TODAY 函数和 YEAR 函数

TODAY 函数：返回当前日期的序列号，序列号是 Excel 2010 日期和时间计算使用的日期-时间代码。如果在输入函数前，单元格的格式为“常规”，Excel 2010 会将单元格格式更改为“日期”。

YEAR 函数：返回某日期对应的年份，返回值为 1900～9999 之间的整数。

YEAR 函数的语法为 YEAR(serial_number)，serial_number 为一个日期值，其中包含要查找年份的日期。日期有多种输入方式：带引号的文本串(例如 "1998/01/30")、系列数(例如，1998 年 1 月 30 日)或其他公式或函数的结果等。

TODAY()函数返回的是当前日期，则 YEAR(TODAY())返回的是当前年份。

2．VLOOKUP 函数

VLOOKUP 函数是一个查找函数，给定一个查找的目标，它就能从指定的查找区域中查找返回想要查找到的值。它的基本语法为：

VLOOKUP(查找目标，查找范围，返回值的列数，精确 OR 模糊查找)

3．IF 函数的嵌套

IF 函数最多可以嵌套 7 层，用 value-if-false 及 value-if-true 参数可以构造复杂的检测条件。

3.3.4 实现方法

1．计算“职工信息”工作表中的“工龄”

“职工信息”工作表中的工龄可以用 YEAR 函数计算，由当前的年份减去参加工作的年份得到。具体操作步骤如下：选中单元格 G3，输入“=YEAR(TODAY())-YEAR(F3)”公式，如图 3.38 所示，单击编辑栏上的“√”按钮，G3 单元格显示对应结果。利用“填充柄”

拖动鼠标直到 G11，即可将 G3 中的公式快速复制到 G4:G11 区域，这样计算出“职工信息”工作表中的“工龄”。

G3　　=YEAR(TODAY())-YEAR(F3)

	A	B	C	D	E	F	G
1			职工基本信息表				
2	职工编号	姓名	部门	职务	学历	工作日期	工龄
3	003211	林 勤	机关	总经理	研究生	1991-08-20	24
4	003212	吴 林	销售部	总经理	研究生	1993-05-22	22
5	003213	张宇峰	客服中心	部门经理	本科	1997-02-20	18
6	003214	叶立兵	技术部	部门经理	本科	1996-12-12	19
7	003215	吴 冰	客服中心	业务员	本科	1999-03-20	16
8	003216	彭晓丽	销售部	业务员	本科	1998-06-01	17
9	003217	胡 冰	技术部	助理工程师	本科	1998-09-22	17
10	003218	李立溪	销售部	部门经理	大专	1999-12-23	16
11	003219	蔡 林	客服中心	业务员	大专	1997-09-16	18

图 3.38　计算“职工信息”工作表中的“工龄”

2. 计算“基本工资及社会保险”工作表中的“基本工资”

(1) 在“基本工资及社会保险”工作表中根据职工编号，用 VLOOKUP 函数在“职工信息”工作表数据区中查找职工编号对应的“工龄”。具体操作步骤如下：选中单元格 B3，输入“=VLOOKUP(A3,职工信息!A3:G11,7,FALSE)”公式，如图 3.39 所示，单击编辑栏上的“√”按钮，在“基本工资及社会保险”工作表中 B3 单元格显示对应结果。利用“填充柄”拖动鼠标直到 B11，即可将 B3 中的公式快速复制到 B4：B11 区域，这样查找出“基本工资及社会保险”工作表中职工编号对应的“工龄”。

B3　　=VLOOKUP(A3,职工信息!A3:G11,7,FALSE)

	A	B	C	D	E	F	G	H	I	J	K
1				基本工资和社会保险							
2	职工编号	工龄	工龄工资	职务工资	学历工资	基本工资	养老保险	医疗保险	失业保险	住房公积金	社会保险
3	003211	24									
4	003212	22									
5	003213	18									
6	003214	19									
7	003215	16									
8	003216	17									
9	003217	17									
10	003218	16									
11	003219	18									

图 3.39　查找职工编号对应的工龄

(2) 用 IF 函数嵌套计算“基本工资及社会保险”工作表中的“工龄工资”。具体操作步骤如下：选中单元格 C3，输入“=IF(B3>=15,1200,IF(B3>=10,1000,IF(B3>=5,800,500)))”公式，如图 3.40 所示，单击编辑栏上的“√”按钮，在“基本工资及社会保险”工作表中 C3 单元格显示对应结果。利用“填充柄”拖动鼠标直到 C11，即可将 C3 中的公式快速复制到 C4：C11 区域，这样计算出“基本工资及社会保险”工作表中的“工龄工资”。

C3　　=IF(B3>=15,1200,IF(B3>=10,1000,IF(B3>=5,800,500)))

	A	B	C	D	E	F	G	H	I	J	K
1			基本工资和社会保险								
2	职工编号	工龄	工龄工资	职务工资	学历工资	基本工资	养老保险	医疗保险	失业保险	住房公积金	社会保险
3	003211	25	1200								
4	003212	22	1200								
5	003213	18	1200								
6	003214	19	1200								
7	003215	16	1200								
8	003216	17	1200								
9	003217	17	1200								
10	003218	16	1200								
11	003219	18	1200								

图 3.40　计算“基本工资及社会保险”工作表中的“工龄工资”

(3) 用 VLOOKUP 函数的嵌套计算在“基本工资及社会保险”工作表中的“职务工资”和“学历工资”。具体操作步骤如下：选中单元格 D3，输入“=VLOOKUP(VLOOKUP(A3,职工信息!A3:G11,4,FALSE),职务工资!$A$3:B10,2,FALSE)”公式，单击编辑栏上的“√”按钮，在“基本工资及社会保险”工作表中 D3 单元格显示对应结果。利用“填充柄”拖动鼠标直到 D11，即可将 D3 中的公式快速复制到 D4：D11 区域，这样计算出“基本工资及社会保险”工作表中的“职务工资”；按照同样的方法，用 VLOOKUP 函数的嵌套，根据“职工信息”表数据区中的“学历”和“学历工资”工作表给出的“学历”所对应的“学历工资”，计算出“基本工资及社会保险”工作表中的“学历工资”。如图 3.41 所示。

E3 =VLOOKUP(VLOOKUP(A3,职工信息!A3:G11,5,FALSE),学历工资!$A$3:B10,2,FALSE)

	A	B	C	D	E	F	G	H	I	J	K
1				基本工资和社会保险							
2	职工编号	工龄	工龄工资	职务工资	学历工资	基本工资	养老保险	医疗保险	失业保险	住房公积金	社会保险
3	003211	25	1200	6000	1200						
4	003212	22	1200	6000	1200						
5	003213	18	1200	3500	1000						
6	003214	19	1200	3500	1000						
7	003215	16	1200	800	1000						
8	003216	17	1200	800	1000						
9	003217	17	1200	1200	1000						
10	003218	16	1200	3500	800						
11	003219	18	1200	800	800						

图 3.41 计算“基本工资及社会保险”工作表中的“职务工资”和“学历工资”

(4) 计算“基本工资及社会保险”工作表中“基本工资”。计算方法：基本工资=工龄工资+职务工资+学历工资。具体操作步骤如下：选中单元格 F3，输入“=C3+D3+E3”公式，如图 3.42 所示，单击编辑栏上的“√”按钮，在“基本工资及社会保险”工作表中 F3 单元格显示对应结果。利用“填充柄”拖动鼠标直到 F11，即可将 F3 中的公式快速复制到 F4：F11 区域，计算出“基本工资及社会保险”工作表中“基本工资”。

F3 =C3+D3+E3

	A	B	C	D	E	F	G	H	I	J	K
1				基本工资和社会保险							
2	职工编号	工龄	工龄工资	职务工资	学历工资	基本工资	养老保险	医疗保险	失业保险	住房公积金	社会保险
3	003211	25	1200	6000	1200	8400					
4	003212	22	1200	6000	1200	8400					
5	003213	18	1200	3500	1000	5700					
6	003214	19	1200	3500	1000	5700					
7	003215	16	1200	800	1000	3000					
8	003216	17	1200	800	1000	3000					
9	003217	17	1200	1200	1000	3400					
10	003218	16	1200	3500	800	5500					
11	003219	18	1200	800	800	2800					
12											

图 3.42 计算“基本工资及社会保险”工作表中的“基本工资”

3. 计算“基本工资及社会保险”工作表中的“社会保险”

社会保险由养老保险、医疗保险、失业保险、住房公积金 4 部分组成。各部分计算比例如下：

养老保险 = 基本工资 × 8%　　　　医疗保险 = 基本工资 × 2%

失业保险 = 基本工资 × 1%　　　　住房公积金 = 基本工资 × 7%

社会保险 = 养老保险 + 医疗保险 + 失业保险 + 住房公积金，计算“社会保险”方法与计算“基本工资”的方法一样。

4. 计算“考核情况表”工作表中的“奖金”

用 IF 函数嵌套计算“考核情况表”工作表中的“奖金”。具体操作步骤如下：选中单元格 C2，输入“=IF(B2="优秀",3000,IF(B2="良好",2000,IF(B2="中等",1000,300)))”公式，如图 3.43 所示，单击编辑栏上的“√”按钮，在“考核情况表”工作表中 C2 单元格显示对应结果。利用“填充柄”拖动鼠标直到 C10，即可将 C2 中的公式快速复制到 C3:C10 区域，这样计算出“考核情况表”工作表中的“奖金”。

C2 　fx 　=IF(B2="优秀",3000,IF(B2="良好",2000,IF(B2="中等",1000,300)))

	A	B	C	D	E	F	G	H	I	J
1	职工编号	考核等级	奖金							
2	003211	优秀	3000							
3	003212	良好	2000							
4	003213	良好	2000							
5	003214	优秀	3000							
6	003215	中等	1000							
7	003216	良好	2000							
8	003217	中等	1000							
9	003218	中等	1000							
10	003219	良好	2000							

图 3.43　计算“考核情况表”工作表中的“奖金”

5. 计算“工资总表”工作表中的“应发工资”

(1) 在“工资总表”工作表中根据职工编号，用 VLOOKUP 函数在“考核情况表”工作表数据区中查找职工编号对应的“奖金”。具体操作步骤如下：选中“工资总表”工作表中单元格 E3，输入“=VLOOKUP(A3, 考核情况表!A2:C10,3,FALSE)”公式，如图 3.44 所示，单击编辑栏上的“√”按钮，在“工资总表”工作表中 E3 单元格显示对应结果。利用“填充柄”拖动鼠标直到 E11，即可将 E3 中的公式快速复制到 E4:E10 区域，这样查找出“考核情况”工作表中职工编号对应的“奖金”。

E3 　fx 　=VLOOKUP(A3,考核情况!A2:C10,3,FALSE)

	A	B	C	D	E	F	G	H	I	J
1	职工工资总表									
2	职工编号	姓名	部门	基本工资	奖金	社会保险	应发工资	应纳税工资额	个人所得税	应发工资
3	003211	林 勤	机关	8400	3000					
4	003212	吴 林	销售部	8400	2000					
5	003213	张宇峰	客服中心	5700	2000					
6	003214	叶立兵	技术部	5700	3000					
7	003215	吴 冰	客服中心	3000	1000					
8	003216	彭晓丽	销售部	3000	2000					
9	003217	胡 冰	技术部	3400	1000					
10	003218	李立溪	销售部	5500	1000					
11	003219	蔡 林	客服中心	2800	2000					

图 3.44　计算“工资总表”工作表中的“奖金”

(2) 在“工资总表”工作表中根据职工编号，用 VLOOKUP 函数在“基本工资及社会保险”工作表数据区中查找职工编号对应的“社会保险”。具体操作步骤如下：选中“工资总表”工作表中单元格 F3，输入“=VLOOKUP(A3, 基本工资及社会保险!A2:K11,11,FALSE)”公式，如图 3.45 所示，单击编辑栏上的“√”按钮，在“工资总表”工作表中 F3 单元格显示对应结果。利用“填充柄”拖动鼠标直到 F11，即可将 F3 中的公式快速复制到 F4：F11 区域，这样查找出“基本工资及社会保险”工作表中职工编号对应的“社会保险”。

F3 =VLOOKUP(A3, 基本工资及社会保险!A2:K11,11,FALSE)

	A	B	C	D	E	F	G	H	I	J
1						职工工资总表				
2	职工编号	姓名	部门	基本工资	奖金	社会保险	应发工资	应纳税工资额	个人所得税	实发工资
3	003211	林 勤	机关	8400	3000	1512				
4	003212	吴 林	销售部	8400	2000	1512				
5	003213	张宇峰	客服中心	5700	2000	1026				
6	003214	叶立兵	技术部	5700	3000	1026				
7	003215	吴 冰	客服中心	3000	1000	540				
8	003216	彭晓丽	销售部	3000	2000	540				
9	003217	胡 冰	技术部	3400	1000	612				
10	003218	李立溪	销售部	5500	1000	990				
11	003219	蔡 林	客服中心	2800	2000	504				

图 3.45 查找“基本工资及社会保险”工作表中的“社会保险”

(3) 计算“工资总表”工作表中的“应发工资”方法为：应发工资=基本工资+奖金-社会保险。

6. 用 IF 函数计算“个人所得税”

对每月收入超过 3500 元以上的部分征税，个人所得税计算有 7 级标准：

1	应纳税工资额 不超过 1500 元	税率 3%
2	应纳税工资额超过 1500 元至 4500 元	税率 10%
3	应纳税工资额超过 4500 元至 9000 元	税率 20%
4	应纳税工资额超过 9000 元至 35000 元	税率 25%
5	应纳税工资额超过 35000 元至 55000 元	税率 30%
6	应纳税工资额超过 55000 元至 80000 元	税率 35%
7	应纳税工资额超过 80000 元	税率 45%

首先计算“应纳税工资额”，如果应发工资小于 3500 元，则应纳税工资额为 0，否则，应纳税工资额=应发工资-3500 元，再用 IF 函数计算“个人所得税”，具体操作步骤如下：选中单元 I3，输入“=IF(H3>=55000,H3*0.35,IF(H3>=35000, H3*0.3,IF(H3>=9000,H3*0.25, IF(H3>=4500,H3*0.2, IF(H3>=1500,H3*0.1, H3*0.03)))))”公式，如图 3.46 所示，单击编辑栏上的“√”按钮，在“工资总表”工作表中 I3 单元格显示对应结果。利用“填充柄”拖动鼠标直到 I11，即可将 I3 中的公式快速复制到 I4：I11 区域，这样计算出“工资总表”工作表中的“个人所得税”。

I3 =IF(H3>=55000,H3*0.35,IF(H3>=35000, H3*0.3,IF(H3>=9000,H3*0.25, IF(H3>=4500,H3*0.2, IF(H3>=1500,H3*0.1, H3*0.03)))))

	A	B	C	D	E	F	G	H	I	J
1						职工工资总表				
2	职工编号	姓名	部门	基本工资	奖金	社会保险	应发工资	应纳税工资额	个人所得税	实发工资
3	003211	林勤	机关	8400	3000	1512	9888	6388	1277.6	
4	003212	吴 林	销售部	8400	2000	1512	8888	5388	1077.6	
5	003213	张宇峰	客服中心	5700	2000	1026	6674	3174	317.4	
6	003214	叶立兵	技术部	5700	3000	1026	7674	4174	417.4	
7	003215	吴 冰	客服中心	3000	1000	540	3460	0	0	
8	003216	彭晓丽	销售部	3000	2000	540	4460	960	28.8	
9	003217	胡 冰	技术部	3400	1000	612	3788	288	8.64	
10	003218	李立溪	销售部	5500	1000	990	5510	2010	201	
11	003219	蔡林	客服中心	2800	2000	504	4296	796	23.88	

图 3.46 计算“工资总表”工作表中的“个人所得税”

7．计算“实发工资”

“实发工资”的计算方法：实发工资 = 应发工资 – 个人所得税。具体操作步骤如下：选中单元格 J3，输入“=G3-I3”公式，如图 3.47 所示，单击编辑栏上的“√”按钮，在“工资总表”工作表中 J3 单元格显示对应结果。利用“填充柄”拖动鼠标直到 J11，即可将 J3 中的公式快速复制到 J4：J11 区域，这样计算出“工资总表”工作表中的“实发工资”。

J3　=G3-I3

	A	B	C	D	E	F	G	H	I	J
1	职工工资总表									
2	职工编号	姓名	部门	基本工资	奖金	社会保险	应发工资	应纳税工资额	个人所得税	实发工资
3	003211	林勤	机关	8400	3000	1512	9888	6388	1277.6	8610
4	003212	吴 林	销售部	8400	2000	1512	8888	5388	1077.6	7810
5	003213	张宇峰	客服中心	5700	2000	1026	6674	3174	317.4	6357
6	003214	叶立兵	技术部	5700	3000	1026	7674	4174	417.4	7257
7	003215	吴 冰	客服中心	3000	1000	540	3460	0	0	3460
8	003216	彭晓丽	销售部	3000	2000	540	4460	960	28.8	4431
9	003217	胡 冰	技术部	3400	1000	612	3788	288	8.64	3779
10	003218	李立溪	销售部	5500	1000	990	5510	2010	201	5309
11	003219	蔡林	客服中心	2800	2000	504	4296	796	23.88	4272

图 3.47　计算“实发工资”

第 4 章 PowerPoint 2010 演示文稿软件

PowerPoint 2010 是微软一款制作演示文稿的软件。用户将演示文稿制作后，能在投影机、计算机等上进行演示，一边演示一边讲解，这种方式有时比单纯地讲更能取得好的效果。用户也可以根据自己的需要将制作好的演示文稿打印出来。

4.1 实训一：演示文稿软件的基本操作

4.1.1 任务提出

某校计算机专业大一新生入学，为了让新生更好地了解本学科，学长需要在新生学习动员会上给新生讲解推荐学习方法，其中一位学长负责给全体新生进行 C 语言学习书籍的推荐。

4.1.2 解决方案

演示文稿比 Word 2010 文档适合一边演示一边讲解，也比直接用 Word 2010 文档演示更加能吸引眼球，因此学长决定使用 PowerPoint 2010 制作演示文稿，以便在动员会上可以让新生在听书籍介绍的同时，也能看到图文并茂的对应说明。

4.1.3 相关知识

1. 演示文稿

演示文稿是一种可播放文件，由文字、图片等组成，并可加上一些动态显示效果。演示文稿中可以更加生动直观的表达内容，图表和文字也能快速呈现。制作的演示文稿可以通过计算机屏幕播放。

2. 幻灯片

在 PowerPoint 2010 中，演示文稿和幻灯片这两个概念是有差别的，利用 PowerPoint 2010 制作出来的文件叫做演示文稿，而演示文稿中的每一页叫做幻灯片。每张幻灯片都是演示文稿中既相互独立又相互联系的部分。在幻灯片中可以插入图片、声音、动画等丰富的内容。

3. 幻灯片版式

幻灯片版式是 PowerPoint 2010 软件中的一种常规排版格式。用户应用不同的幻灯片版式，能快速地完成文字、图片等的布局。软件中已经内置多个幻灯片版式提供给使用者使用。

4．PowerPoint 2010 中的超链接

在 PowerPoint 2010 中，超链接是从一张幻灯片到同一演示文稿中的另一张幻灯片的链接，或者是从一张幻灯片到不同演示文稿中的某张张幻灯片、电子邮件地址、现有文件、网页等的链接。幻灯片中的超链接除了可以创建在文本上，也可以创建在图片或者艺术字上。

4.1.4 实现方法

1．资料查找

要制作演示文稿，首先还是要定好主题，然后做好资料的收集工作。为了更好地制作演示文稿，学长先从网上寻找到一份推荐书单，进行了些修改，用 Word 2010 制作成为一份初步文稿，然后再根据该 Word 2010 文档制作成为演示文稿。

另外，学长为了在讲解中介绍 C 语言的重要性，还从网上找了 2014 年 8 月 TIOBE 编程语言排行榜单，见表 4.1(注：TIOBE 编程语言社区排行榜是编程语言流行趋势的一个指标，每月更新，这份排行榜排名基于互联网上有经验的程序员、课程和第三方厂商的数量。排名使用著名的搜索引擎(诸如 Google、MSN、Yahoo!、Wikipedia、YouTube 以及 Baidu 等)进行计算。请注意这个排行榜只是反映某个编程语言的热门程度，并不能说明一门编程语言好不好，或者一门语言所编写的代码数量多少。)

表 4.1　TIOBE 编程语言排行榜

Sep 2014	Sep 2013	Programming Language	Ratings	Change
1	1	C	16.721%	-0.25%
2	2	Java	14.140%	-2.01%
3	4	Objective-C	9.935%	+1.37%
4	3	C++	4.674%	-3.99%
5	6	C#	4.352%	-1.21%
6	7	Basic	3.547%	-1.29%
7	5	PHP	3.121%	-3.31%
8	8	Python	2.782%	-0.39%
9	9	JavaScript	2.448%	+0.43%
10	10	Transact-SQL	1.675%	-0.32%

2．新建演示文稿并保存

1) 新建演示文稿

学长首先要启动 PowerPoint 2010 软件。启动 PowerPoint 2010 有多种方法，其中一种为单击“开始”→“所有程序”→“Microsoft Office”→“Microsoft PowerPoint 2010”。启

动 PowerPoint 2010 后，其基本窗口如图 4.1 所示，基本界面跟同为 Office 系列的 Word 2010 和 Excel 2010 都比较相似，也分为功能区、工作区等。

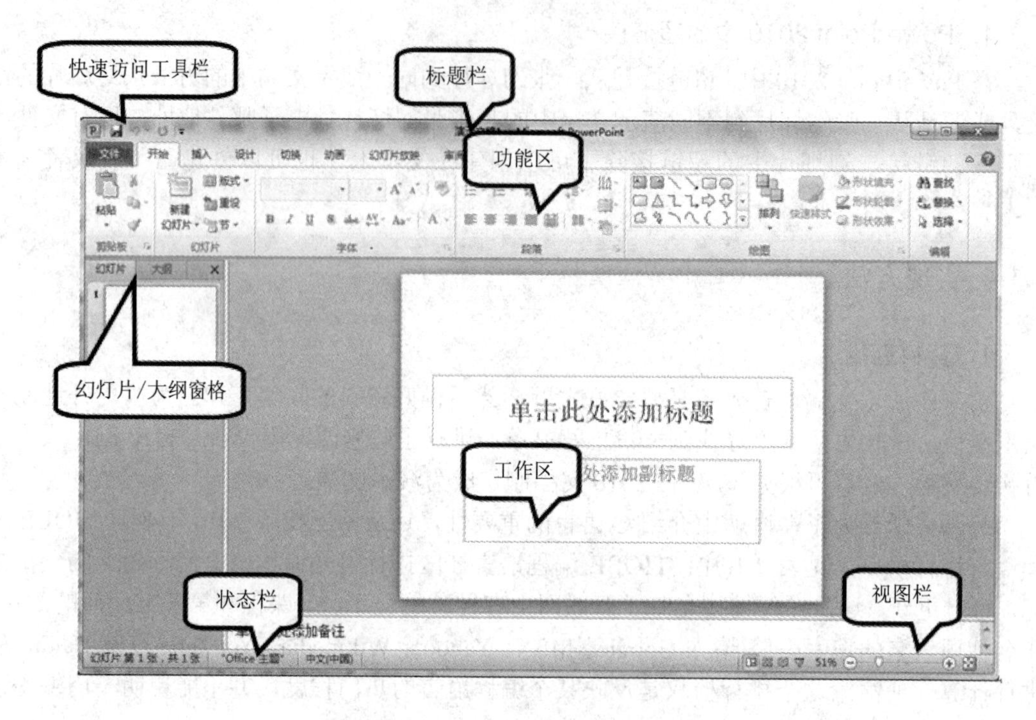

图 4.1　PowerPoint 2010 基本窗口

2) 保存演示文稿

打开 PowerPoint 2010 软件后，出现如图 4.1 所示界面，在该界面中，可见标题栏处的标题是“演示文稿 1”，为了方便后面对该演示文稿的编辑、修改、保存等工作的进行，最好马上进行演示文稿的保存工作，并在保存的同时对演示文稿进行重命名。这时，可以选择“文件”选项卡中的“保存”选项，然后在弹出的“另存为”对话框中进行保存位置的设置、保存文件名的填写以及保存文件类型的选择，之后，点击“另存为”对话框中的“保存”按钮即可。当演示文稿保存后，后面再对演示文稿进行任何修改，都可以随时点击“文件”选项卡中的“保存”按钮进行保存，或者按组合键【Ctrl】+S 进行保存。记住，方法为选择“文件”选项卡中的“保存”按钮，快捷键是【Ctrl】+S。在后面的编辑过程中，每编辑完成一步最好保存一下。

这一步中，学长启动 PowerPoint 2010 后，选择“文件”选项卡中的“另存为”选项，保存新建的演示文稿为“C 语言书籍推荐.pptx”。

3. 输入首页幻灯片标题

作为一个演示文稿，一般第一张幻灯片比较特别，会介绍整个演示文稿的内容主旨，有时候还会有作者名字，类似于一本书的封面。新建的演示文稿的第一张幻灯片，其默认的“版式”就是“标题幻灯片”，该版式非常适合用于演示文稿首页。学长在第一张幻灯片中输入文字，制作好的演示文稿首页如图 4.2 所示。

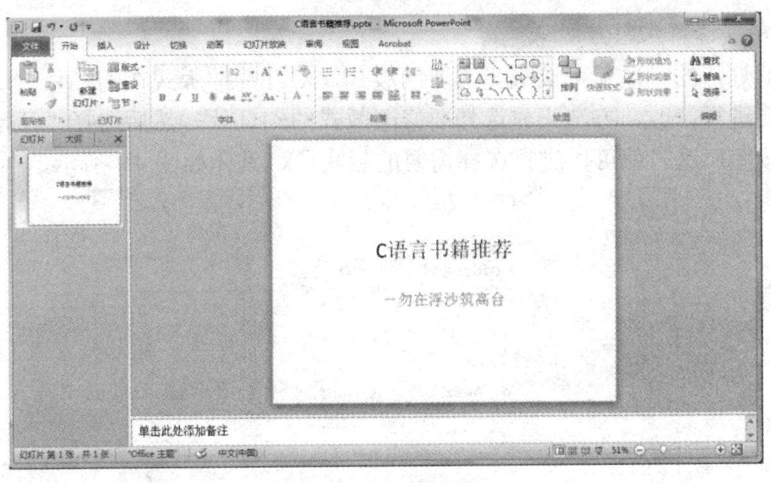

图 4.2　幻灯片首页

4．新建第二张幻灯片

学长创建了第二张幻灯片，并根据需要选择新建的幻灯片版式为“标题和内容”，然后根据设计录入幻灯片中的内容。方法为先新建幻灯片，然后在新建幻灯片同时根据需要选择幻灯片版式。如果在新建幻灯片时选择的版式到后面不太符合要求，还可以更改幻灯片版式。

1) 新建幻灯片

作为一个演示文稿，不可能只有一张幻灯片，一般会有多张幻灯片来共同演绎一个主题，而新创建的演示文稿，默认只有一张幻灯片，这时，就需要知道如何新建幻灯片。新建幻灯片的方法是选择“开始”选项卡，然后在功能区处选择“新建幻灯片”，此时还可以选择自己需要的版式，如图 4.3 所示。可以看到这些列出的版式只是排版的格式不太一样，即使一时选择了不太符合后续要求的版式，也可以在后面进行修改的。一般使用比较多的是“标题和内容”版式，当然也可以选择“空白”版式，然后自己在上面自由地排版，比如放一些文本框来录入文字、随意摆放一些照片等。

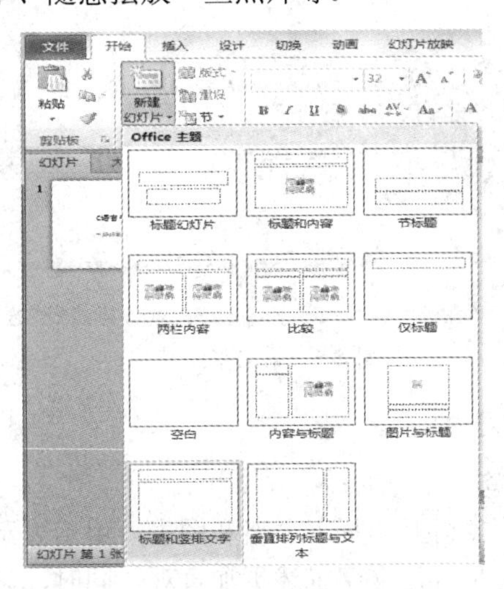

图 4.3　新建幻灯片

2) 根据需要修改幻灯片版式

在新建幻灯片的时候就可以选择需要的版式，幻灯片的版式在幻灯片中录入文字后还可以根据需要进行修改，方法为先选择要修改版式的幻灯片，然后选择“开始”选项卡中的“版式”按钮，这时就可以进行选择需要的版式了，具体如图4.4所示。

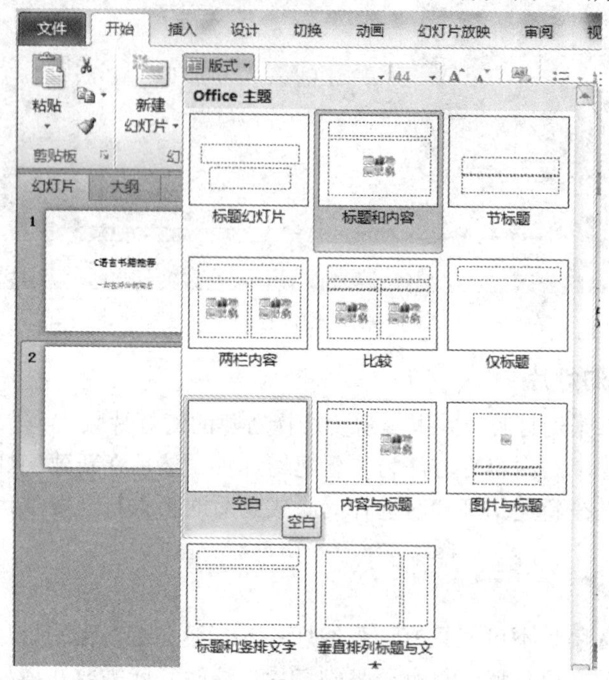

图4.4 修改幻灯片版式

学长制作好的第二张幻灯片如图4.5所示。

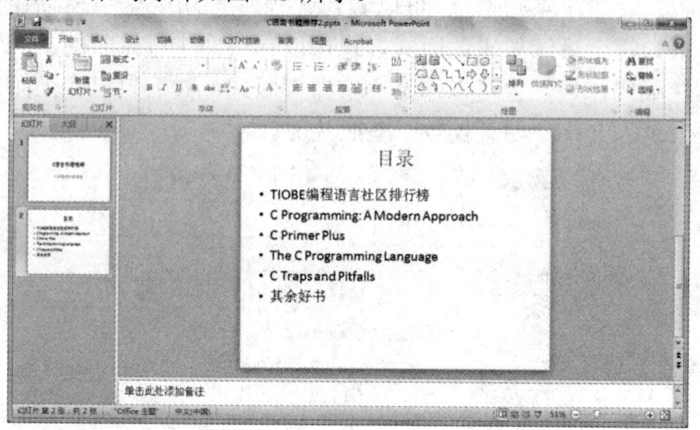

图4.5 第二张幻灯片

5. 继续建立第三张幻灯片

1) 在幻灯片中插入表格

因为学长希望在第三张幻灯片内插入表格和图表，用于表示语言排行情况。一般而言通过表格和图表进行表达比单纯用文字描述更加直观。同时，学长为了比较自由地进行表格和图表的排版，所以选择幻灯片的版式为“仅标题”，也就是说该幻灯片默认标题位置的文本框在幻灯片上方，而幻灯片下面部分的版式需要自己设计。幻灯片插入后，在标题部分录入文字为“TIOBE 编程语言社区排行榜”。现在需要在该幻灯片中标题下方的空白处加入表格，加入表格的方法为选择“插入”选项卡中的“表格”按钮，如图 4.6 所示。在该处可以根据需要选择要插入的表格的大小。

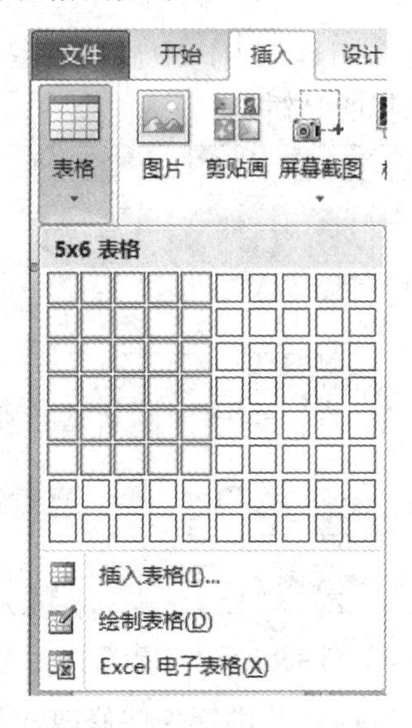

图 4.6　根据需要插入表格

该表格添加到幻灯片后，单击选中该表格则会在菜单中出现“表格设计”选项卡，使用该选项卡中的工具可以方便地对表格进行编辑。具体方法与 Word 2010 相似。例如如果要设置表格中文字大小，可以先滑动鼠标左键，选中要设置大小的文字，然后在其上点击鼠标右键，在弹出的快捷菜单中进行选择，还可以方便地根据预览进行选择。学长将排名前五的数据(具体数据见资料查找部分)录入表格后，该幻灯片如图 4.7 所示。

TIOBE编程语言社区排行榜

Sep 2014	Sep 2013	Programming Language	Ratings	Change
1	1	c	16.721%	-0.25%
2	2	Java	14.140%	-2.01%
3	4	Objective-C	9.935%	+1.37%
4	3	C++	4.674%	-3.99%
5	6	C#	4.352%	-1.21%

图 4.7　第三张幻灯片中插入的表格

2) 在幻灯片中插入图表

一般图比表更能抓住眼球，为了让学弟学妹们更方便地看清，所以，学长决定在该幻灯片的表格下面添加一个图进行更好地讲解。插入图表的方法为点击“插入”选项卡中的“图表”按钮，如图 4.8 所示。

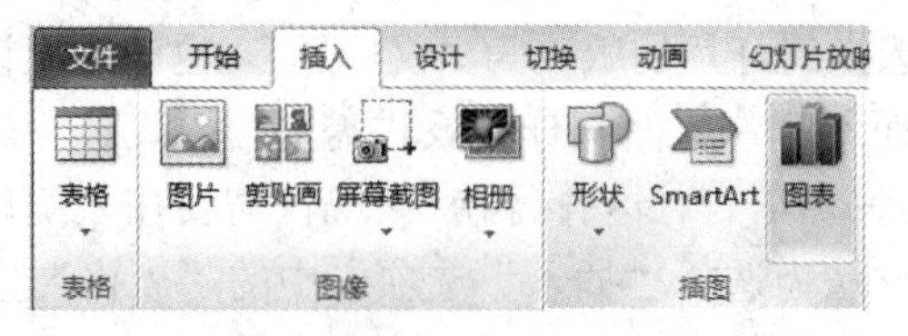

图 4.8　插入图表

点击后会出现如图 4.9 所示窗口，该窗口中显示了图表的类型和样式，可以让用户根据需要进行选择。学长在这里选择的是饼图。

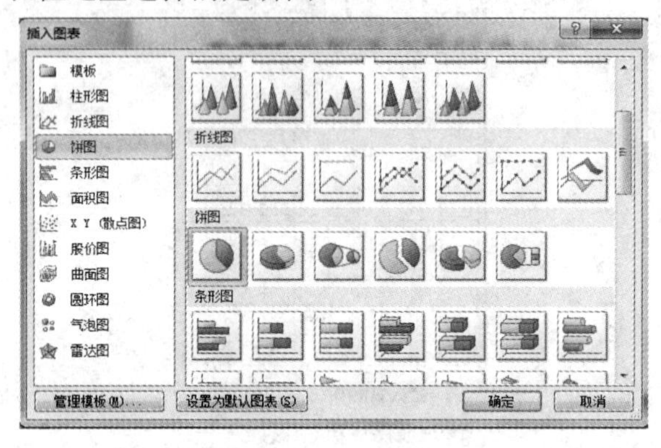

图 4.9　插入图表窗口

插入图表后，需要对图表进行移动并进行一些修改，修改方法与 Excel 2010 中的图表修改相似，即选中要修改的图表然后点击鼠标右键，从弹出的快捷菜单中进行选择。若要录入数据，则在该弹出的快捷菜单中选择“编辑数据”一项，并录入数据，如图 4.10 所示。

	A	B	C	D	E	F
1		TIOBE编程语言社区排行榜				
2	c	16.721				
3	java	14.14				
4	objective	9.935				
5	c++	4.674				
6	c#	4.352				
7	其余	50.178				
8		若要调整图表数据区域的大小，请拖拽区域的右下角。				

图 4.10　图表中的数据编辑

录入数据后，对图表进行简单位置调整后，该幻灯片显示如图 4.11 所示。

TIOBE编程语言社区排行榜

Sep 2014	Sep 2013	Programming Language	Ratings	Change
1	1	c	16.721%	-0.25%
2	2	Java	14.140%	-2.01%
3	4	Objective-C	9.935%	+1.37%
4	3	C++	4.674%	-3.99%
5	6	C#	4.352%	-1.21%

TIOBE编程语言社区排行榜
16.721
14.14
9.935
4.674
4.352
50.178
c
java
objective c
c++
c#
其余

图 4.11　第三张幻灯片

6. 创建第四张幻灯片

从第四张幻灯片开始应该就是单独对每本书籍的介绍了，学长打算在这几页书籍介绍幻灯片中放上书籍的封面图片，而书籍的封面图片直接从网上截图。

1) 在幻灯片中插入屏幕截图

首先学长从网上商场搜索到要推荐相应的图书网页，将该网页打开，然后新建版式为“仅标题”的幻灯片，在选中该幻灯片的前提下，选中“插入”选项卡，然后点击其中的“屏幕截图”按钮，则会出现一些选项，在其中选择“屏幕剪辑”，如图4.12所示。

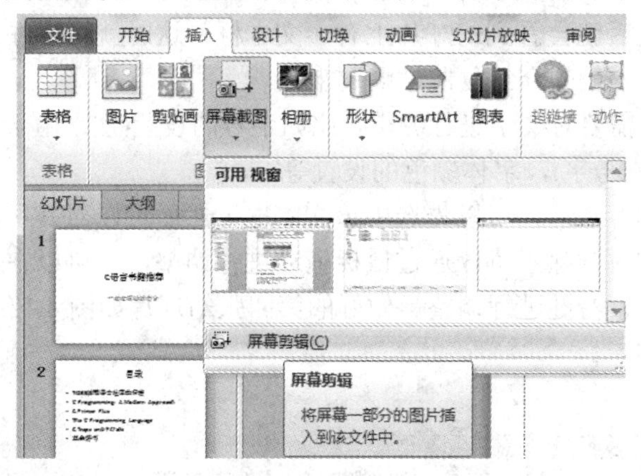

图4.12 截取图书图片

选择“屏幕剪辑”后，通过用鼠标进行拖动选择，就可以将屏幕一部分的图片插入到幻灯片中，这需要插入已打开网页中的书籍封面照片。本例插入两本书的照片，一本是英文原版，一本是翻译版。插入图片后，效果如图4.13所示。

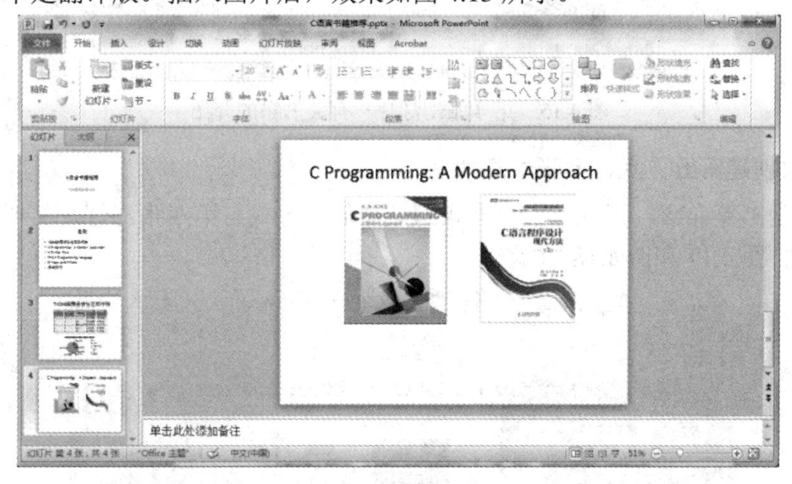

图4.13 插入图片后的效果

2) 在幻灯片中插入文本并进行编辑

光有图片还无法完成对书籍的介绍，因此现在需要往幻灯片中插入对书籍进行说明的文本。方法为先在幻灯片中适当位置插入文本框，然后在文本框中录入文字。插入文本框的方法为选择“插入”选项卡中的“文本框”按钮，然后在出现的列表中选择“横排文本框”，如图4.14所示。

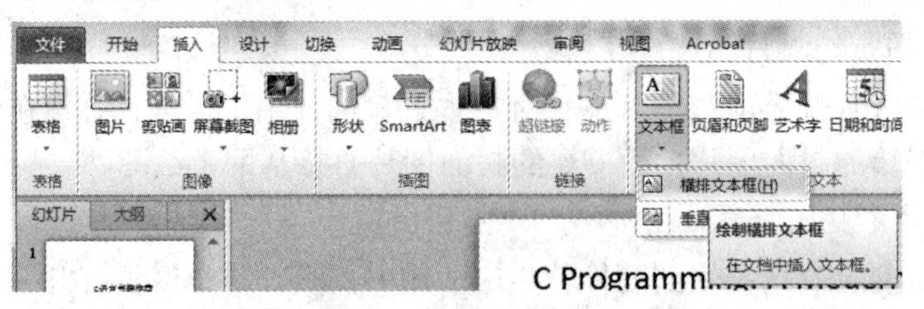

图 4.14　插入文本框

按图 4.14 中所示，点击“横排文本框”后，按住鼠标左键在幻灯片上需要添加文本框的地方进行拖动，之后就会看到幻灯片上有一文本框，这时就可以在其中输入文字了，这里简单把网上有关该书籍的介绍复制粘贴过来。

文字录入后，还需要对文字进行编辑，比如字号的设置(注：用于演示的演示文稿最小字体建议不要小于 16 号字)，字体颜色的设置等。

文本框添加到幻灯片后，可以先选中该文本框，然后可以对其所在位置进行调整。这里在进行位置调整的时候除了可以通过鼠标拖动进行调整，还可以在选中后文本框后使用键盘上的上、下、左、右键进行调整。做好的第四张幻灯片如图 4.15 所示。

图 4.15　第 4 张幻灯片－有关书籍的介绍

7. 依次创建第五、六、七张幻灯片

因为都是书籍介绍，第五、六、七张幻灯片创建方式与第四张幻灯片类似。创建后样式如图 4.16、图 4.17 和图 4.18 所示。

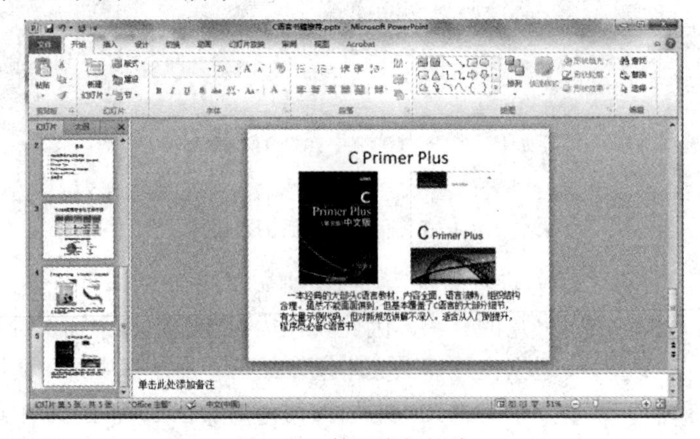

图 4.16　第五张幻灯片

在制作第六张幻灯片时，由于要放在幻灯片中的两幅图片来自不同的网站，所以，截取的图片大小不同，这时，需要对图片大小进行修改。方法为：选中图片，点击右键，在弹出的快捷菜单中选择“大小和位置”，然后设置高度和宽度的缩放比例都为 135%(当然可以根据需要进行比例的更改)。第六张幻灯片制作好后如图 4.17 所示。

图 4.17　第六张幻灯片

在制作第七张幻灯片时，图片截取大小与前面不一样，但为了与前面几张幻灯片中的该图片大小相似，该图片也需要进行大小的调整，将图片高度和宽度的缩放比例都设置为 135%。第七张幻灯片制作好后，如图 4.18 所示。

图 4.18　第七张幻灯片

8．创建第八张幻灯片

有关 C 语言的好书还有很多，不可能在比较短的讲演时间中一一列出详细讲解，因此学长特意制作了最后一张幻灯片用于罗列部分没有详细列出的书籍。为了能很好地罗列书籍，该幻灯片的版式选为“标题和内容”。第八张幻灯片如图 4.19 所示。

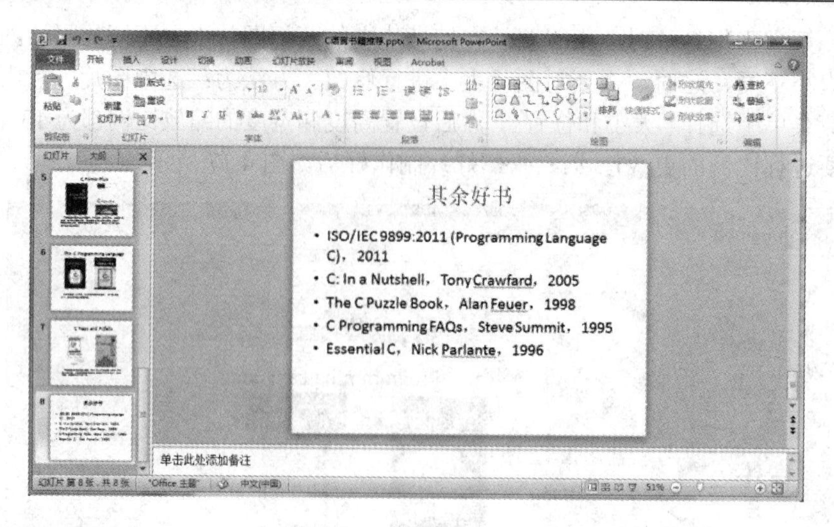

图 4.19　第八张幻灯片

9．添加超链接

经过上面的步骤，有关 C 语言书籍介绍的演示文稿的页面基本完成了，但是，假如希望从目录页的文本点击并直接到达对应的书籍介绍页，还需要进行超链接的设置。同样，如果希望在查看完某本书具体内容后也能返回目录页，也需要进行超链接的设置。

演示文稿中经常需要添加超链接，通过超链接可以链接到同一个演示文稿中不同的幻灯片。添加超链接的方法是直接选中要添加超链接的文本或者图片，再在其上点击鼠标右键，在弹出的快捷菜单中选择“超链接”，这样就可以打开“插入超链接”对话框，然后按照对话框中的提示根据自己的需要进行操作就可以了。

1) 目录页中文本的超链接设置

要进行超链接设置，首先要选择进行超链接的文本或者图片。本例是需要在文本上设置超链接。在目录页中按住鼠标左键拖动，选择要设置超链接的文字，然后在选择的文字上点击鼠标右键，选择菜单中的“超链接”选项，如图 4.20 所示。

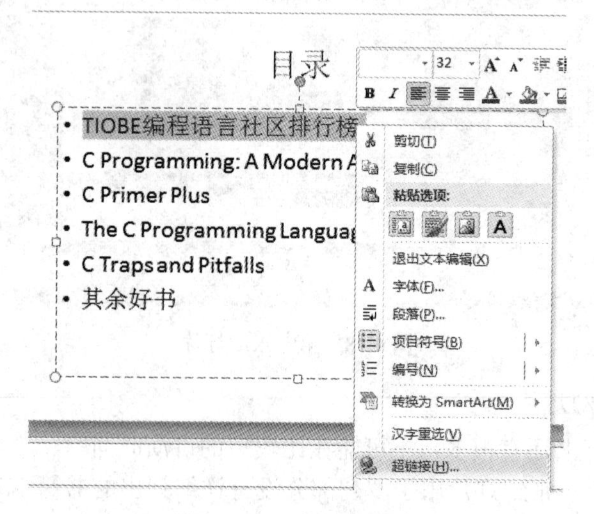

图 4.20　添加超链接

点击“超链接”菜单后，在出现的“插入超链接”对话框中进行具体设置，如图 4.21 所示。

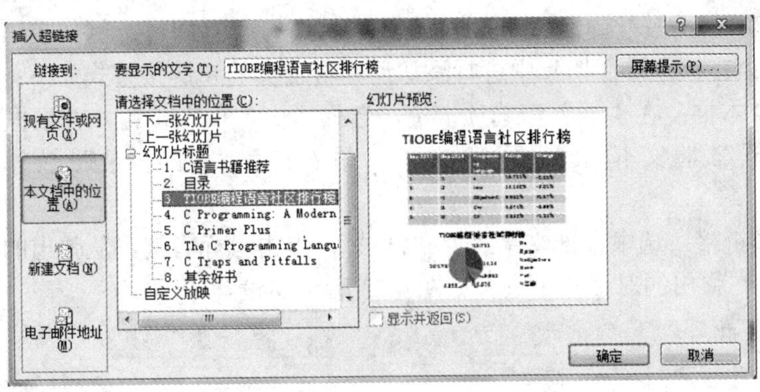

图 4.21　“插入超链接”对话框

按照图 4.21 所示，先在左侧选择“本文档中的位置”，然后在“请选择文档中的位置”处点击选择该超链接要链接到的幻灯片，最后点击“确定”按钮，这样就设置好该文本行的超链接了。目录页中其余部分的超链接设置也是类似的。当目录页中的超链接全部设置后，效果如图 4.22 所示。

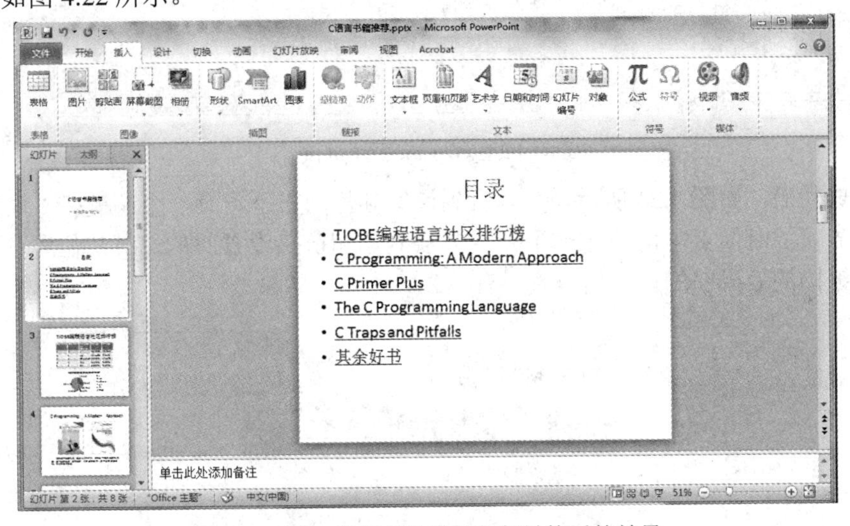

图 4.22　第二张幻灯片设置好超链接后的效果

超链接设置好后可以进行测试，看看是否能正确链接到想要到达的位置。测试需要在幻灯片放映的状态下进行。具体幻灯片放映的方法为选择“幻灯片放映”选项卡，然后在该选项卡中的功能区中进行功能选择，具体参见前面相关知识点的介绍。

2) 书本推荐页中返回目录页的超链接设置

如果希望介绍完每本书后，还能回到第二张幻灯片进行目录的点选，这时可以在介绍书籍的幻灯片中插入返回目录页的超链接。具体实现的方法较多，比如可以在图片上插入超链接，即通过插入图片，然后在插入的图片上设置超链接。本演示文稿采用直接插入文本框，然后对文本框进行选中，添加超链接。对文本框中设置超链接时，可以对整个文本框进行超链接设置，也可以仅仅对文本框中的文字单独设置超链接。如果要对整个文本框

进行超链接设置，需要选中整个文本框，方法是鼠标左键选择文本框的框线，再在其上点击鼠标右键，在弹出的快捷菜单中选择“超链接”。如果要对文本框中的文字进行超链接设置，只需要滑动鼠标左键选择文本框中的文本，再进行设置即可。例如在第三页的幻灯片“TIOBE 编程语言社区排行榜”中进行添加返回目录页的超链接方式如下：

(1) 插入文本框：在“插入”选项卡中，选择“文本框”按钮，并根据这里的需要选择“横排文本框”，将文本框放在页面右下角，输入文字“返回目录”。文本框是最简单的超链接载体。

(2) 设置超链接：选中全部文字“返回目录”，点击鼠标右键，从弹出的快捷菜单中选择“超链接”，在弹出的对话框中进行如图 4.23 所示的设置即可。

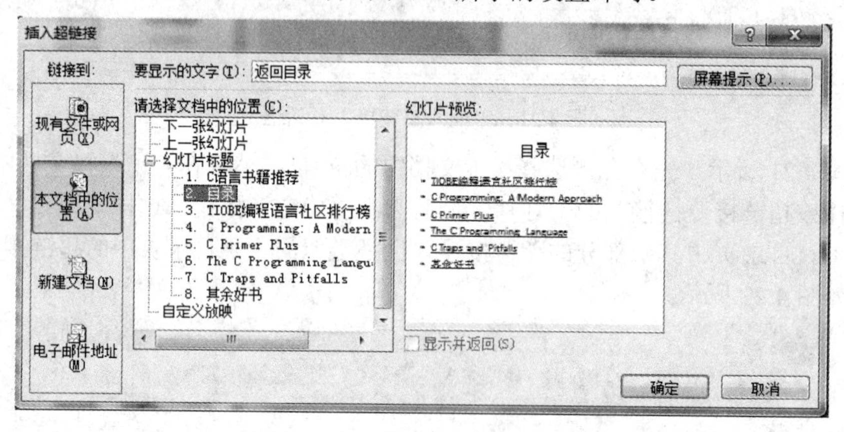

图 4.23　设置文字超链接

设置成功后，如图 4.24 所示，可以看到该幻灯片的右下角有一个超链接“返回目录”，在幻灯片放映的时候点击该“返回目录”，就会到达超链接设置时的幻灯片位置。需要注意的是，超链接的效果在幻灯片播放时才有效。

TIOBE编程语言社区排行榜

Sep 2014	Sep 2013	Programming Language	Ratings	Change
1	1	c	16.721%	-0.25%
2	2	Java	14.140%	-2.01%
3	4	Objective-C	9.935%	+1.37%
4	3	C++	4.674%	-3.99%
5	6	C#	4.352%	-1.21%

TIOBE编程语言社区排行榜
16.721
14.14
9.935
4.674
4.352
50.178
c
java
objective c
c++
c#
其余
返回目录

图 4.24　添加了“返回目录”超链接的幻灯片

因为其余书籍推荐页面的超链接的设置跟上述设置是一致的，所以，可直接复制该“返回目录”文本框到第四、五、六、七、八页面。方法是先左键点击“返回目录”文本框，然后右键点击该文本框外侧框线，将文本框选中，如果正确选中，会在弹出的快捷菜单中找到“复制”选项，点击“复制”之后，再到需要放置该同一超链接的幻灯片处点击右键，在弹出的快捷菜单中选择粘贴，并对文本框进行位置调整即可。

10．插入日期和时间

演讲者经常喜欢在演示文稿中添加日期和时间。学长也打算在自己制作的演示文稿中加入日期和时间。在幻灯片放映的时候，如果希望能显示出日期和时间，则可以通过选择“插入”选项卡功能区中的“日期和时间”按钮，就能打开“页眉和页脚”对话框。在该对话框中进行正确设置，就可以在幻灯片中根据自己的需要插入日期和时间了。既可以显示固定的时间也可以让显示时间根据放映时间自动更新。方法为点击“插入”选项卡中的“日期和时间”按钮，如图 4.25 所示。

图 4.25　插入日期和时间

学长想要让自己的幻灯片上显示的日期和时间是幻灯片放映时的日期和时间，所以其在弹出的对话框中进行如图 4.26 所示的选择，即选择“自动更新”。

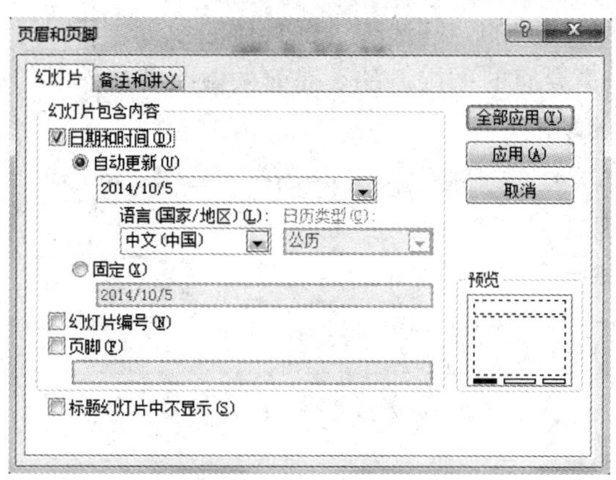

图 4.26　自动更新日期和时间

选择好之后，再选择“全部应用”按钮。这样，在幻灯片放映时，所有幻灯片会在同一位置显示放映时的日期。

11．初步创建的演示文稿

现在，幻灯片初步创建好了，想要看看具体效果，可以放映幻灯片。具体可以参见相关知识点中提到的，点击“幻灯片放映”选项卡，然后在其中的功能区中根据需要进行选择。如果想统一看看每张幻灯样式，可以点击“视图”选项卡中的“幻灯片浏览”按钮，效果如图 4.27 所示。

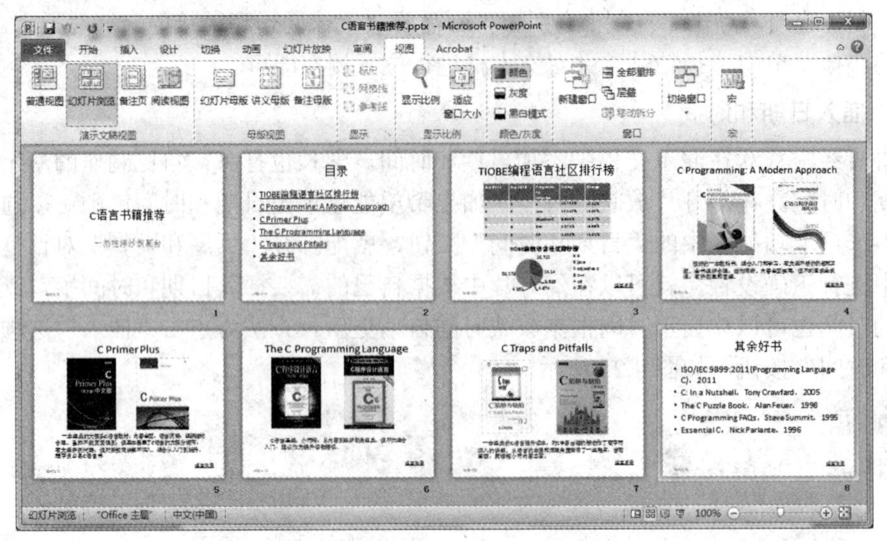

图 4.27　初步创建的演示文稿

12．幻灯片放映

演示文稿建立好后，一般通过幻灯片放映的方式给观众看。因此在演示文稿创建后，需要通过幻灯片放映的方式进行查看，检查是否有需要修改的地方。进行幻灯片放映的具体方法如图 4.28 所示，选择“幻灯片放映”选项卡，在该选项卡中有多种功能，比如可以“从头开始”播放幻灯片，也可以“从当前幻灯片开始”播放。其中还有“设置幻灯片放映”，在该处可以对幻灯片放映的一些选项进行具体的设置。其中另一个重要功能是“排练计时”。因为一些演讲是需要有时间限制的，提前做做准备显然是很有必要的，这时“排练计时”就是一个很有用的功能。

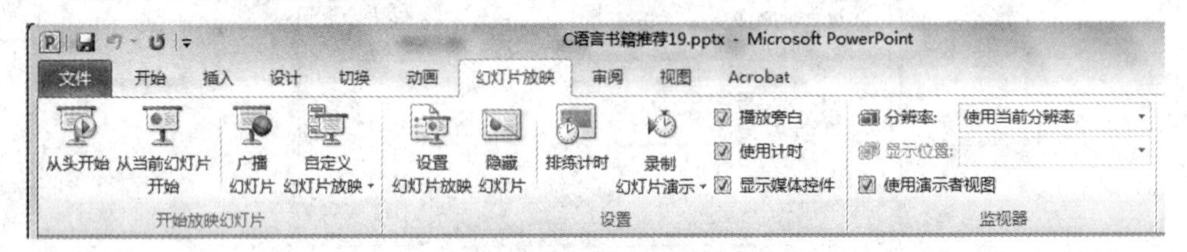

图 4.28　幻灯片放映

4.2　实训二：演示文稿软件格式化方法

演示文稿制作好后，可以进一步通过选择合适主题、设置背景、设置动画效果等多种方式根据需要进行美化。

4.2.1　任务提出

在实训一中，学长已经用 PowerPoint 2010 软件创建好一个演示文稿，可以满足基本的讲解需要。但是，为了使该演示文稿更加吸引人，还需要做进一步的修改。

4.2.2 解决方案

PowerPoint 2010 中提供了不少能方便对演示文稿进行美化和个性化设置的方法，比如主题、幻灯片母版、幻灯片背景、动画等。用户可以根据自己所制作的演示文稿的用途，进行选择使用。

4.2.3 相关知识

1. 主题

如果仅仅单纯把要演讲的内容直接放入演示文稿，显然是不够的，那就跟 Word 2010 文档上直接输入文字然后根据其进行演讲区别不大了。PowerPoint 2010 给我们提供了很多方式可以对演示文稿进行美化，其中比较方便的就是直接对演示文稿进行主题的设置。可以根据场景需要对演示文稿进行主题设置。PowerPoint 2010 中主题的设置，能通过修改配色方案，设置所有幻灯片的颜色效果、字符效果等方式让用户比较方便地使自己的幻灯片具有统一的样式。

2. 幻灯片母版

演示文稿在讲演时使用，如果期望是给观众比较一致的印象，比如有公司统一的 Logo 等，那么比较方便的方式就是使用幻灯片母版来实现。

同一演示文稿中可以有多个幻灯片母版，而同一幻灯片母版可能会对应演示文稿中的多张幻灯片。通过对幻灯片母版的修改(比如插入图片艺术字等)，可以使该修改反映到该母版对应的所有幻灯片中。

4.2.4 实现方法

1. 选择主题

虽然演示文稿基本内容都完成了，但是看上去还是比较近似 Word 2010 文档，学长决定对该演示文稿进行主题设置。选择“设计”选项卡，然后在“主题”区域寻找比较符合该演示文稿的主题。主题设置方式如图 4.29 所示。具体方法为点击“设计”选项卡，然后根据需要在其中的“主题”功能区中进行选择即可。

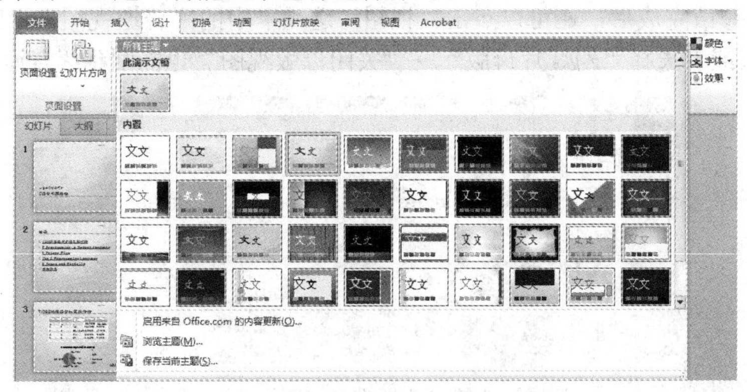

图 4.29 选择主题

主题设置好后，还可以通过右侧的"颜色、字体、效果"对该主题的配色、文字等进行更加细致的选择。当主题设置后，通过“视图”→“幻灯片浏览”查看到的幻灯片样式如图 4.30 所示。

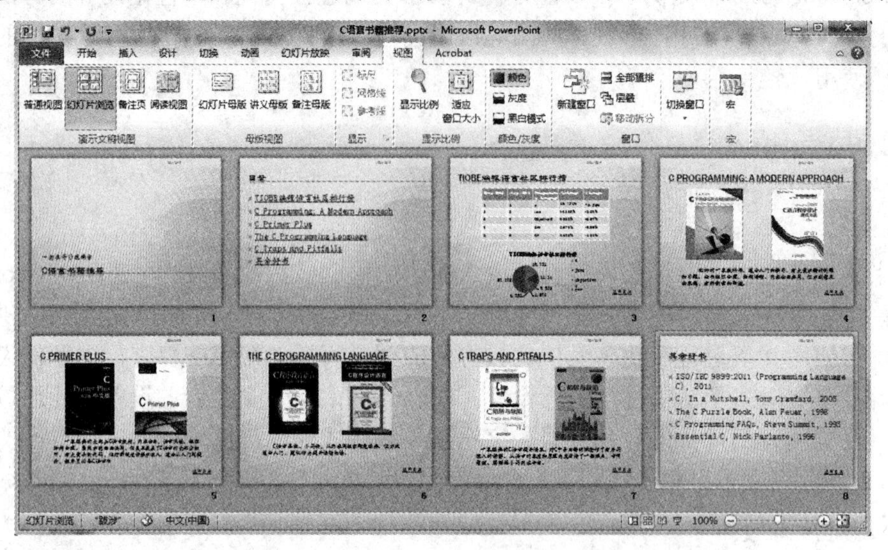

图 4.30 设置主题后的演示文稿

可以看到进行了主题设置后，演示文稿已经较为吸引人了。

2. 幻灯片母版

到现在为止，幻灯片制作都是在普通视图中进行编辑修改，如果想要对多张幻灯片有统一的修改，使用幻灯片母版可以方便地完成。学长设置好幻灯片主题后，想给每张幻灯片的下方添加文字“By 小笨猪”用于表明该幻灯片是自己制作的。这时，是否需要一张一张地添加呢，当然不需要。虽然一张一张添加文字也是可以的，但是相对比较麻烦，这时，可以考虑使用幻灯片母版。在幻灯片母版中进行的修改，会应用到跟该母版相关联的所有幻灯片中。

一般对每张幻灯片单独进行编辑的时候处于普通视图中，现在要对多张幻灯片进行统一编辑，就需要进入幻灯片母版。进入幻灯片母版的方式如下：从“视图”选项卡中，点击“幻灯片母版”，如图 4.31 所示，这样就可以从普通视图切换到幻灯片母版视图。后面对幻灯片母版修改完成后，还可以点击“视图”选项卡中的“普通视图”再回到普通视图进行细致修改(或者选择“幻灯片母版”→“关闭母版视图”也能回到“普通视图”)。

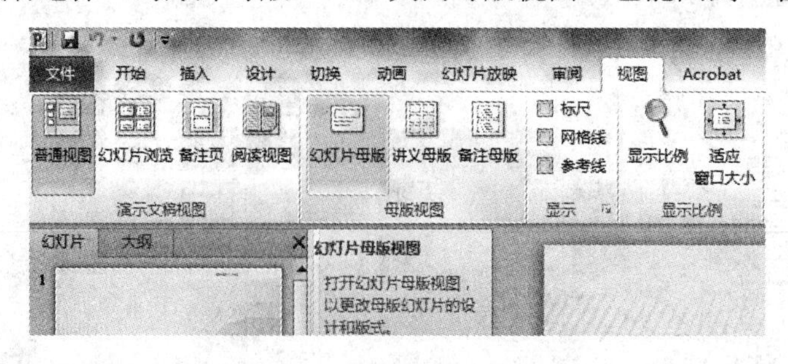

图 4.31 从普通视图进入幻灯片母版视图

如图 4.32 所示，在幻灯片母版视图中，左侧显示了多个幻灯片母版。而右侧显示的幻灯片母版是在从普通视图切换到幻灯片母版视图之前选择的幻灯片所在的母版。需要注意的是，一个演示文稿里面有多张幻灯片，但并不是所有的幻灯片都采用同一个幻灯片母版，也就是说一个演示文稿中可能有多个幻灯片母版，而一张幻灯片也可能从属于多个幻灯片母版。对一个幻灯片母版进行的任何修改，能反映到该母版下的多张幻灯片上。比如在图 4.32 中，就可以看到左侧显示了多张幻灯片母版，假如把鼠标移动到左侧的某张幻灯片母版上稍微停留一下，就可以看到该幻灯片母版被哪几张幻灯片所使用，若左键点击该幻灯片母版，则右侧会出现该幻灯片母版以供编辑修改。对幻灯片母版的修改是很灵活的，比如可以改变字体。如果想要让每张幻灯片都添加公司 Logo，可以通过在幻灯片母版中插入图片，并对图片进行简单的处理来完成。

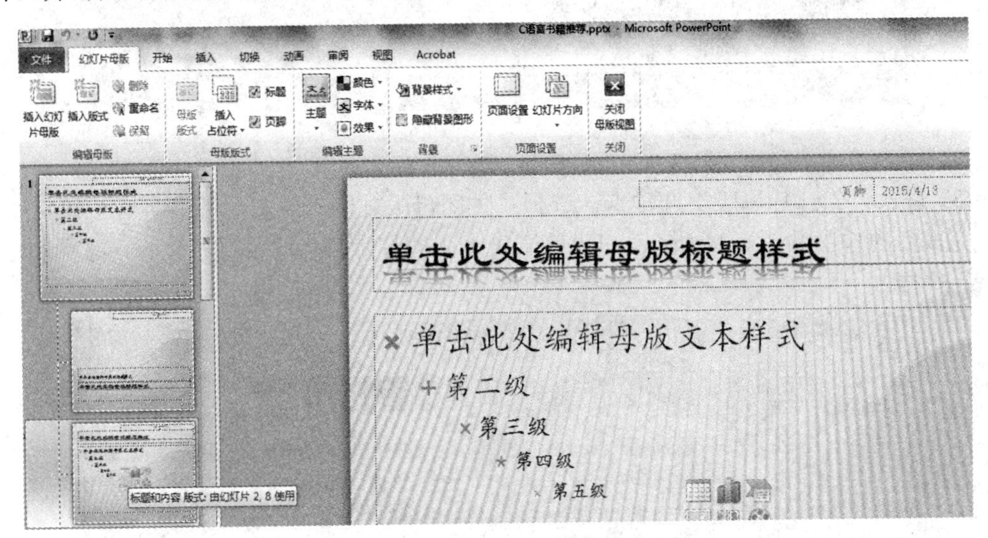

图 4.32 幻灯片母版视图

其实，如果一张张对幻灯片进行统一修改也是可以的，但是在幻灯片数量多的情况下比较繁琐，且难以达到整齐统一的样式，而使用幻灯片母版就比较方便了。只是在选择对幻灯片母版进行修改时一定要看清，修改的是哪个幻灯片母版，该幻灯片母版对应的是哪些幻灯片。因为对该幻灯片母版所做的修改会反映到采用该母版的所有幻灯片上。

对幻灯片母版的修改完成后，可以点击“视图”→“普通视图”再回到普通视图进行细致修改，当然也可以选择“关闭母版视图”回到普通视图。

进入幻灯片母版后，就可以进行编辑，在幻灯片母版中能进行字号字体的修改，还能在母版中添加文本、艺术字、图片，能应用到跟该母版相关联的幻灯片中。由于演示文稿中的幻灯片最好具有统一的样式，使用幻灯片母版进行一些修改，无疑是比较方便的选择。

通过幻灯片母版，学长对于演示文稿修改的要求很快就能达到，其中方法如下：

(1) 进入幻灯片母版。

(2) 通过鼠标左键在页面左侧点击选择所有幻灯片都会使用的幻灯片母版，然后点击“插入”选项卡，在功能区中选择“文本框”，然后在母版下方按住鼠标左键拖动出一个文本框，在该文本框中输入文字“By 小笨猪”，如图 4.33 所示。

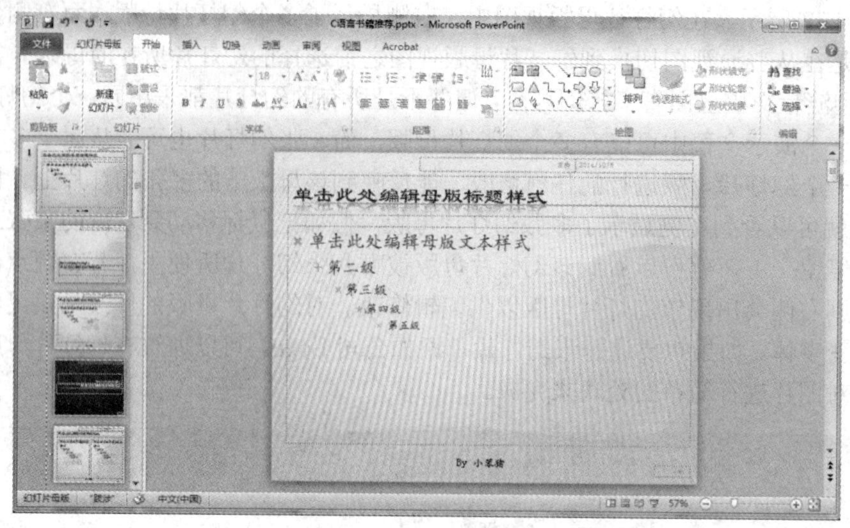

图 4.33 插入文本

(3) 进入“幻灯片母版”选项卡，选择“关闭母版视图”。

完成后的作品如图 4.34 所示。可见除了第一张幻灯片外，每张幻灯片下方都有“By 小笨猪”字样。

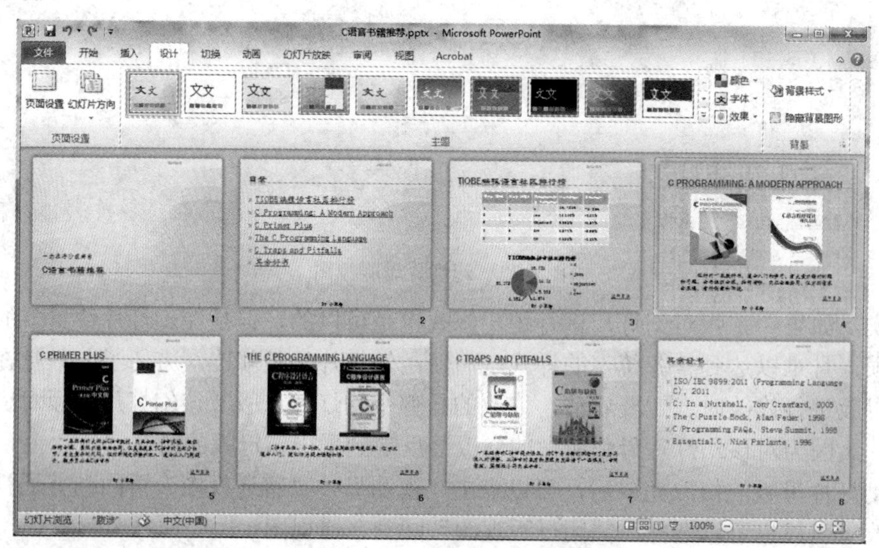

图 4.34 在幻灯片母版中插入作者信息后的效果

这种方式也可以用于往每张幻灯片中加入图片、艺术字等，比如单位 Logo、水印等。

3. 选择图片作为幻灯片背景

学长又想试试让自己的幻灯片换一下背景图片，看看效果如何。

(1) 单击要为其添加背景图片的幻灯片。

如果要选择多个幻灯片，请单击某个幻灯片，然后按住【Ctrl】键并单击其他幻灯片。

(2) 在“设计”选项卡上单击“背景样式”，然后单击“设置背景格式”，如图 4.35 所示。

图 4.35 设置背景格式

打开的对话框如图 4.36 所示。

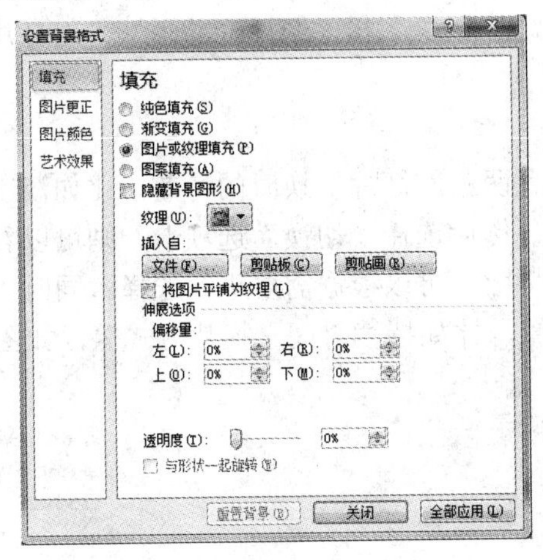

图 4.36 “设置背景格式”对话框

在图 4.36 所示的“设置背景格式”对话框中选择“文件”按钮，然后根据提示选择文件就可以了。如果想将这个图片文件应用到所有幻灯片中，则在“设置背景格式”对话框中选择按钮“全部应用”；如果只想将图片应用于选中的幻灯片，则在“设置背景格式”对话框中选择“关闭”按钮。

将所有幻灯片都应用同一背景图片后的效果如图 4.37 所示。

图 4.37 选择背景图片后的效果

可以看到，该背景应用后，幻灯片显得比较凌乱，不利于对观众演讲，所以，好的背景图片的选择很重要。学长看到设置背景后效果不是太好，决定取消该背景设置。取消原有背景设置的方法为：选择“设计”选项卡中的“背景样式”中的“重置幻灯片背景”。当然，好的图片对于幻灯片的显示效果还是很重要的，很多优秀的幻灯片是基于图片的，只有少量文字。但是由于学长不想在图片选择上花费太多时间，于是，还是使用了原来的样式。

4. 幻灯片特效

有些情况下需要在演示文稿中添加一些动画效果。在演示文稿中添加特效还是比较方便的。学长也为自己的幻灯片添加了几种特效。

幻灯片特效分为“幻灯片切换”和“幻灯片动画”。“幻灯片切换”和“幻灯片动画”的对象是不一样的。

1) 幻灯片切换

幻灯片切换是用于设置两张幻灯片切换时的特效，比如淡出、分割等特效。先选中要使用特效切换到的幻灯片，然后选择“切换”选项卡，则可以看到该选项卡中的功能区中有很多关于幻灯片切换的特效，可以根据需要进行选择。同时“切换”选项卡中右侧还能对特效进行更加详细的设置，比如持续时间、换片方式等，如图 4.38 所示。

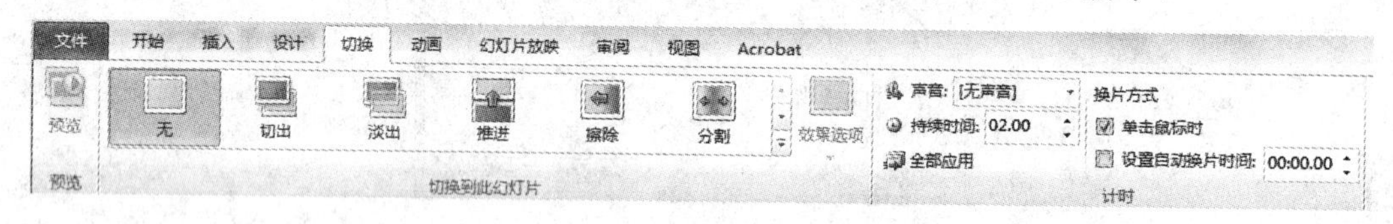

图 4.38 幻灯片切换

2) 幻灯片动画

幻灯片动画指的是幻灯片内部元素的动画效果，有进入、退出、强调等多种动画效果供选择。幻灯片内部元素指的是插入到每张幻灯片中的文字、文本框、图片等。要设置幻灯片内部元素的动画效果，可直接选择“动画”选项卡，如图 4.39 所示。

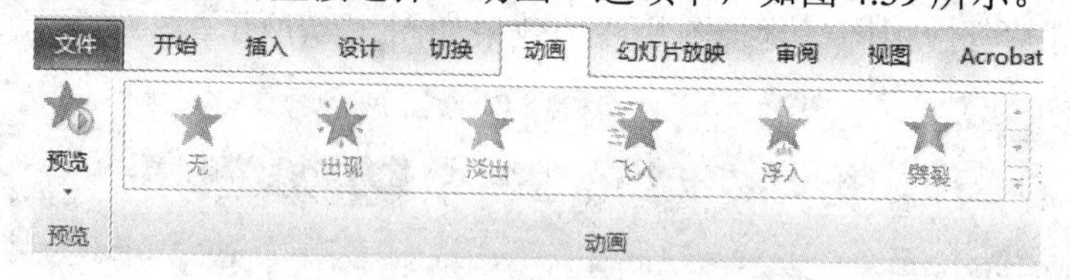

图 4.39 动画选项卡

因为这时还没有选择需要具体设置动画的对象，所以此时可以看到“动画”选项卡中的“动画”功能区中虽然已经显示了很多动画，但是这些动画都是灰色的，也就是无法选择的。现在选择需要设置动画的对象，可以是文本、文本框、图片等，鼠标点击选中要设置动画的对象后，可以看到“动画”功能区中的动画效果已经是可以选择了，如图 4.40 所示。

图 4.40 动画选项卡

在图 4.40 中可以看到，选择动画后，还可以对该动画进行更加详细的设置。另外，既可以在同一个元素上设置多个动画效果，也可以对同一张幻灯片中的多个元素进行动画设置，非常灵活。不过，在制作演示文稿时，虽然设置动画效果很灵活方便，但是切忌滥用，应该根据具体的情况和需要进行合理地使用。

幻灯片特效设置好后，可以通过幻灯片放映进行查看，如有不如意的可以进行修改。

5．幻灯片放映，做最后调整

演示文稿建立好后，需要对该演示文稿进行放映，以便查漏补缺做最后的调整。要放映演示文稿，只需选择“幻灯片放映”选项卡就可以了。

一般在演讲之前，需要对幻灯片进行多次放映，以便发现演示文稿中的一些问题，并控制讲演时间。

第 5 章　Access 2010 数据库应用基础

Microsoft Office Access 2010 是由微软发布的关系数据库管理系统。Access 2010 具有强大的数据处理、统计分析能力，利用 Access 2010 的查询功能，可以方便地进行各类汇总等统计工作。

5.1　实训一：Access 2010 数据库表的基本操作

本实训主要介绍 Access 2010 的一些基本操作，比如数据库建立，数据表建立，查询等知识。

5.1.1　任务提出

年级辅导员要统计本年级学生学习成绩情况，进行成绩排名，方便后续的奖学金发放。

5.1.2　解决方案

Access 2010 数据库是比较出色的数据库，功能很多，完全可用来实现数据的存储、查询等需求。

5.1.3　相关知识

1．数据库和数据库管理系统

数据库，顾名思义，是存放数据的仓库。只不过这个仓库是在计算机存储设备上，而且数据是按一定的格式存放的。严格地讲，数据库是长期存储在计算机内、有组织的、可共享的大量数据的集合。数据库中的数据按一定的数据模型组织、描述和储存，具有较小的冗余，较高的数据独立性和易扩展性，并可为各种用户共享。概括的讲，数据库数据具有永久存储、有组织和可共享三个基本特点。而数据库管理系统能科学的组织和存储数据库，高效地获取和维护数据。Access 2010 就是这样一个数据库管理系统。

2．关系模型的一些基本概念

(1) 实体(Entity)和实体集(Entity Set)。

客观存在并可相互区别的事物成为实体。实体可以是具体的人、事、物，也可以是抽象的概论或联系，例如，一位学生，一位老师，一门课程，学生的一次选课等都是实体。同一类型实体的集合称为实体集。例如，所有课程就是一个实体集。在 Access 2010 中一张

表就是一个实体集，而表中的一行记录就是一个实体。

(2) 属性(Attribute)。

实体所具有的某一特性称为属性。一个实体可以由若干个属性来刻画。例如课程实体可以由课号、课程名称等属性组成。这些属性组合起来表征了一门课程。在 Access 2010 中属性也就对应数据表中的字段。

(3) 码(Key)。

唯一标识实体的属性集称为码。例如课号可以是课程实体的码。在 Access 2010 中，称为数据表中的主键。

(4) 域(Domain)。

属性的取值范围称为该属性的域。例如学生性别的域为(男，女)。

(5) 联系(Relationship)。

在现实世界中，事物内部以及事物之间是有联系的，这些联系在信息世界中反映为实体(型)内部的联系和实体(型)之间的联系。实体内部的联系通常是指组成实体的各属性之间的联系；实体之间的联系通常是指不同实体集之间的联系。

两个实体型之间的联系可以分为 3 种：

一对一联系：例如，假设学校里面一个班只有一名班长，而一名班长只能在一个班中任职，则班级与班长之间是一对一联系。

一对多联系：例如，一个班级中有若干学生，每个学生只能在一个班级中学习，则班级与学生之间具有一对多联系。

多对多联系：例如，一门课程同时有若干学生选修，而一个学生可以同时选修多门课程，则课程与学生之间具有多对多的关系。

在 Access 中可以通过编辑关系的方式确定表与表之间的关系。

3. 关系数据库

关系数据库系统采用关系模型作为数据的组织方式。关系模型是目前最重要的一种数据模型。从用户观点看，关系模型由一组关系组成。每个关系的数据结构是一张规范的二维表，表的每一行为一个元组，每一列为一个属性。一个元组就是该关系所涉及的属性集的笛卡尔集的一个元素。

关系数据库是表(table)的集合，每个表有唯一的名字。Access 2010 即是一个基于关系模型的数据库管理系统。

在关系数据库中，数据元素是最基本的数据单元。若干个数据元素组成数据元组(一行记录)，若干相同的数据元组组成一个数据表。所有相关的数据表则组成一个数据库。而 Access 就是一个能管理多个数据库的数据库管理系统。

5.1.4　实现方法

根据需求，需要用 Access 2010 创建一个数据库，并在该数据库中建立 3 个表，分别为学生信息表(学号，姓名，性别)，课程信息表(课号，课程名，学分)，成绩表(学号，课号，成绩)。

1. 打开 Access 2010 并建立简易学生成绩数据库

Access 2010 打开后为如图 5.1 所示的界面，在该界面的右下角处选择好硬盘中想要存放数据库的位置，录入数据库的名称为“简易学生成绩数据库.accdb”，其中 accdb 是 Access 2010 数据库扩展名，然后点击“创建”按钮。“创建”按钮点击后，界面如图 5.2 所示。

图 5.1　Access 2010 工作首界面

图 5.2 所示工作界面分为选项卡、功能区、导航栏和数据库对象窗口等几部分，因为 Access 2010 也是 Office 2010 系列软件的一部分，因此界面布局比较相似。

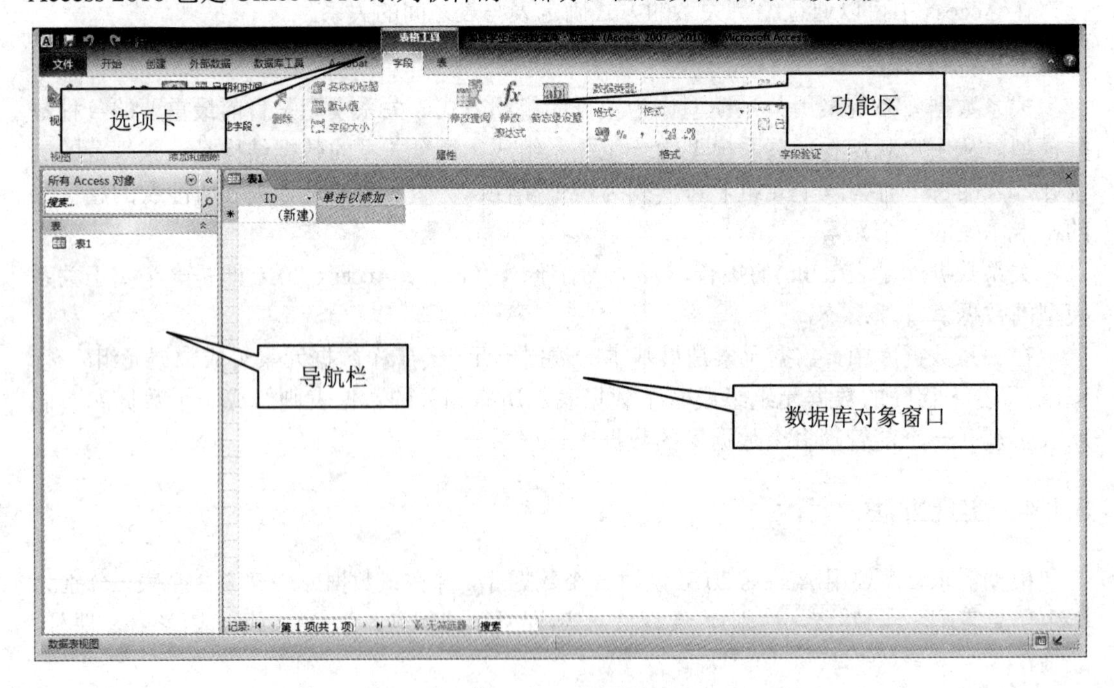

图 5.2　工作界面

2. 创建学生信息表、课程信息表和成绩信息表

1) 创建学生信息表结构

(1) 编辑原有数据表表1。

在图5.3中的表1处点击鼠标右键，在弹出的快捷菜单中选择“设计视图”。之后在弹出的“另存为”对话框中修改表名称为“学生信息表”，如图5.4所示。然后点击“确定”按钮，则进入编辑表结构的设计视图，如图5.5所示

图5.3 进入编辑表结构的设计视图

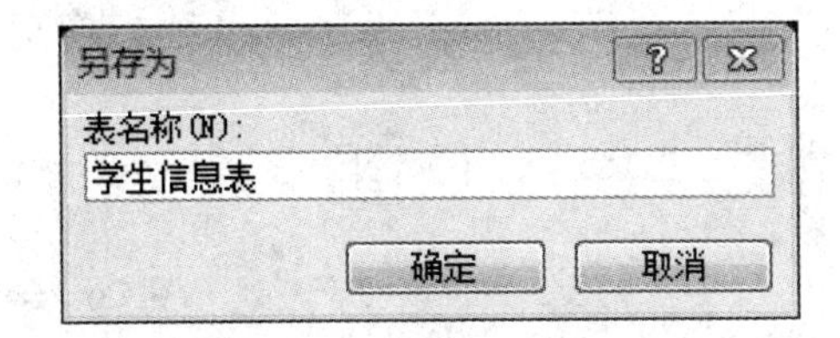

图5.4 “另存为”对话框

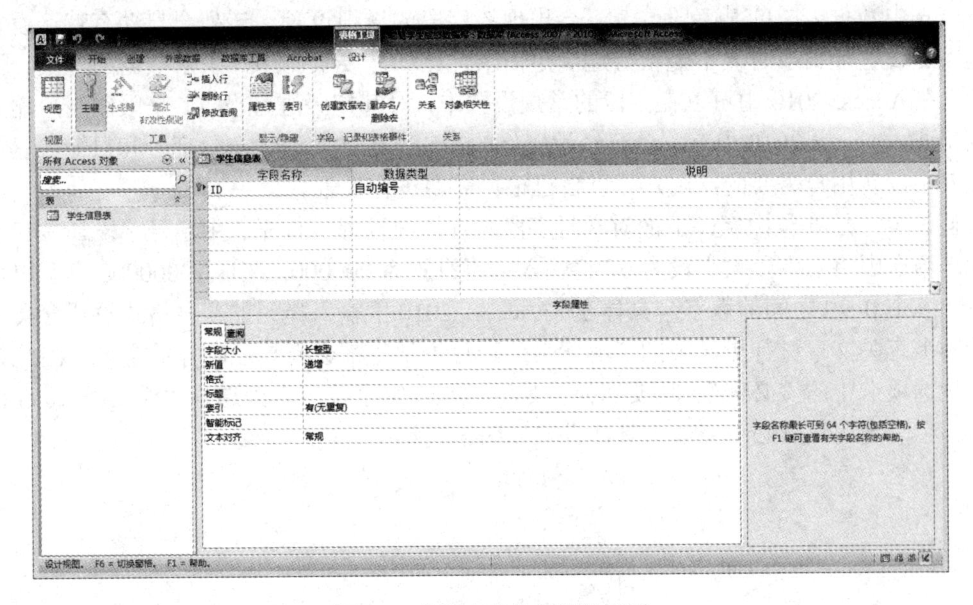

图5.5 编辑表结构的设计视图

(2) 录入学生信息表各字段。

这里需要根据录入学生信息表中的各个字段，并对各字段的字段属性进行设置。可以注意到，在图5.5中，初始生成的表已经有一个自动编号的字段，该字段默认为表的主键。

主键是表中一个或多个字段，它的值用于唯一地标识表中某一条记录。一个数据表只能有一个主键。需要注意一点，一个数据表中可以有多条记录，但是，每一条记录的主键值肯定是不一样的，这样才能达到唯一标识表中某一条记录的作用。

对于新系统的设计开发而言，我们应该尽量避免在库表中引入与业务逻辑相关的主键关系。将业务逻辑主键引入库表，将使底层库表结构与业务逻辑相耦合，之后业务逻辑变化，将很可能对底层数据库结构产生连带影响。典型的情况，如系统开发初期，业务逻辑认为系统中用户名不可重复，但随着需求的变化，出现了用户名可重复的新需求，这样的变化将迫使我们对底层数据库进行修改。

如果用户不想用自动编号的 ID 作为学生信息表的主键而改用学号为主键也可以，但是原有的设计挺好，在这里就不对其进行修改。

依次录入学生表中的各字段如图 5.6 所示。这里录入字段名称后需要选择对应的数据类型。

学生信息表

字段名称	数据类型
ID	自动编号
学号	文本
姓名	文本
性别	文本

图 5.6　学生信息表字段

(3) 学生表中各个字段更详细的设置。

若选中数据表中的某字段，其下会出现该字段的详细设置。该处会自动有默认设置，但是默认设置在很多时候不能很好地满足需求，比如需要限制用户录入数据的位数、内容等等。在 Access 2010 中可以在字段的常规设置中，对其掩码进行设置，来限制用户输入的数据格式。Access 2010 中有一些已经设置好的掩码，比如邮编、身份证号和日期等等，如果在其中没有用户需要的，用户可以自己根据需要进行设置。

假设学号是 6 位数字，下面对学号字段进行详细设置。首先选中学号字段，在其下的常规选项卡中将其字段大小设为 6，将输入掩码设置为 000000。在这里 000000 表示用户只能输入 6 个 0～9 之间的数字。具体有关 Access 2010 中输入掩码的各种格式设置含义可以查看网上有关文章进行更详细的了解。另外，每位学生都会有自己唯一的学号，因此该字段常规选项卡中的“必需”，也要选择“是”；“允许空字符串”处选择“否”。这样选择则表示该字段为用户的必填字段。具体设置如图 5.7 所示。

常规　查阅

字段大小	6
格式	
输入掩码	000000
标题	
默认值	
有效性规则	
有效性文本	
必需	是
允许空字符串	否

图 5.7　学生信息表中学号字段的详细设置

注意：正在创建的简易学生成绩数据库中的数据表中每一字段都为用户的必填字段，因此“必需”一项要选上“是”。该选项默认是“否”，需要自己进行选择为“是”，后面不再赘述。

选中姓名字段，在其下的常规选项卡中将字段大小设置为 10。

可以注意到学生信息表中有性别字段，而性别只希望用户录入男或者女，如果录入男或者女之外的文字就会弹出对话框提示错误。这就需要对该字段设置有效性规则和有效性文本。另外，如果男生较多，则可以输入默认值为“男”。具体设置如图 5.8 所示。

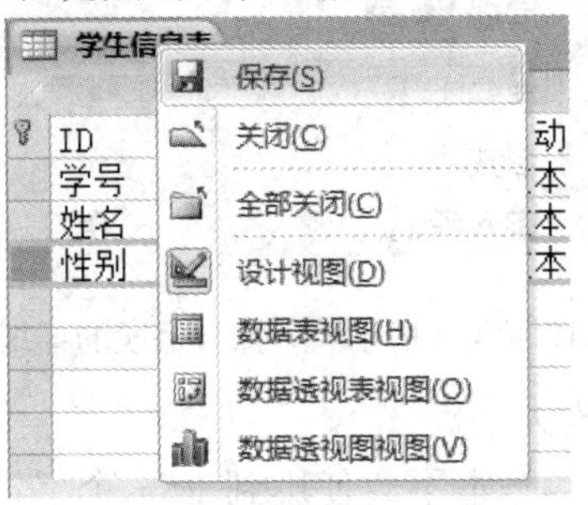

常规 查阅

字段大小	2
格式	
输入掩码	
标题	
默认值	"男"
有效性规则	"男" Or "女"
有效性文本	只能输入男或者女
必需	是
允许空字符串	否

图 5.8　学生信息表中性别字段的详细设置

(4) 关闭学生信息表的设计视图。

当学生信息表的结构已经编辑好后，可以将其关闭，这样方便后续数据的录入，具体关闭方法如图 5.9 所示。那鼠标右键点击“学生信息表”，在弹出的快捷菜单中选择“保存”。

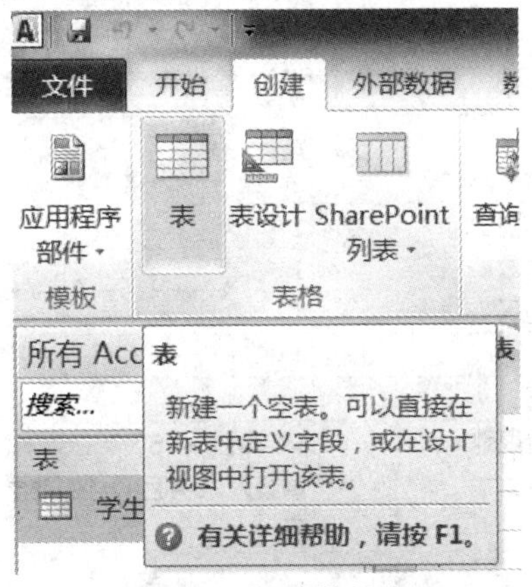

图 5.9　关闭学生信息表

2) 创建课程信息表结构

(1) 新建数据表。

点击创建选项卡中的“表”功能按钮，如图 5.10 所示

图 5.10　新建数据表

之后导航区中会出现一个名字为表 1 的数据表，与创建学生信息表时类似，在该表上点击右键，在弹出的快捷菜单中选择“设计视图”，并在随后弹出的“另存为”对话框中填入“课程信息表”几个字，点击确定。

(2) 录入课程信息表中的各字段信息。

录入课程信息如图 5.11 所示。

课程信息表

字段名称	数据类型
ID	自动编号
课号	文本
课程名	文本
学分	数字

图 5.11　课程信息表字段

(3) 为课号字段设置字段大小和输入掩码。

假设课号字段长为 3 个 0～9 的字符。左键选中课号，然后在其下的详细信息中设置“字段长度”为 3，“输入掩码”为 000，“必需”为是，“允许输入空字符串”为否。部分截图如图 5.12 所示。

常规　查阅

字段大小	3
格式	
输入掩码	000

图 5.12　课程信息表中课号字段的详细设置

(4) 为课程名字段设置字段大小。

因为课程名称不会特别长，基本不会使用到 255 个字符空间，因此修改字段大小 255 为 20，“必需”为是，“允许输入空字符串”为否。

(5) 为学分字段设置字段大小、有效性规则以及有效性文本。

这里将学分的取值范围限制在 0～5 之间，并允许 1 位小数。这些设置是根据实际情况进行。具体设置如图 5.13 所示。

常规　查阅

字段大小	小数
格式	
精度	2
数值范围	1
小数位数	1
输入掩码	
标题	
默认值	
有效性规则	>0 And <=5
有效性文本	请录入>0并且<=5的数字
必需	是

图 5.13　课程信息表中学分字段的详细设置

(6) 关闭课程信息表的设计视图。

现在课程信息表的基本结构已经完成，为了后续数据的录入，先将该数据表的设计视图关闭。具体关闭方法参见前面关闭学生信息表的设计视图相关部分。

3) 创建成绩信息表

(1) 用跟创建课程信息表同样的方式创建成绩信息表如图 5.14 所示。

成绩信息表

字段名称	数据类型
ID	自动编号
学生ID	数字
课程ID	数字
成绩	数字

图 5.14　成绩信息表字段

(2) 为成绩字段设置字段大小、有效性规则以及有效性文本。

因为采用百分制，所以，成绩在 0～100 之间，允许 1 位小数。根据该需求，成绩字段的具体设置如图 5.15 所示。

常规　查阅

字段大小	小数
格式	
精度	3
数值范围	1
小数位数	1
输入掩码	
标题	
默认值	0
有效性规则	>=0 And <=100
有效性文本	请录入>=0并且<=100的数字
必需	是

图 5.15　成绩信息表中成绩字段的详细设置

(3) 关闭成绩信息表的设计视图。

现在成绩信息表的基本结构已经完成，为了后续数据的录入，先将该数据表的设计视图关闭。具体关闭方法参见前面关闭学生信息表的设计视图相关部分。

3. 修改数据表结构

1) 进入编辑数据表结构的设计视图

前面已经成功地将简易学生成绩数据库中的学生信息表、课程信息表和成绩信息表的结构创建成功。这里是根据此处需求进行创建，如果创建后，还需要进行修改，则可以在工作界面左侧的导航栏处，找到要修改结构的数据表，在其上点击右键，然后在弹出的快捷菜单中选择“设计视图”。这样就可以进入编辑数据表结构的设计视图，可以与创建数据表中所示一样的方式对数据表的结构进行修改。

例如，如果想对学生信息表的结构进行修改，则在学生信息表处点击右键，在弹出的快捷菜单中选择“设计视图”如图 5.16 所示。

图 5.16 进入编辑表结构的设计视图

2) 对数据表中原有字段进行修改、删除或者添加新字段

在进入编辑数据表结构信息的设计视图后，能对原有的数据表中的字段进行修改，或者根据需要删除、插入、添加新字段等操作。具体方法：鼠标左键选中数据表中的某一需要变动的字段，在“表格工具”→“设计”选项卡中的功能区域里会发现“插入行”、“删除行”、“主键”等选项，根据需要进行选择即可，如图 5.17 所示。

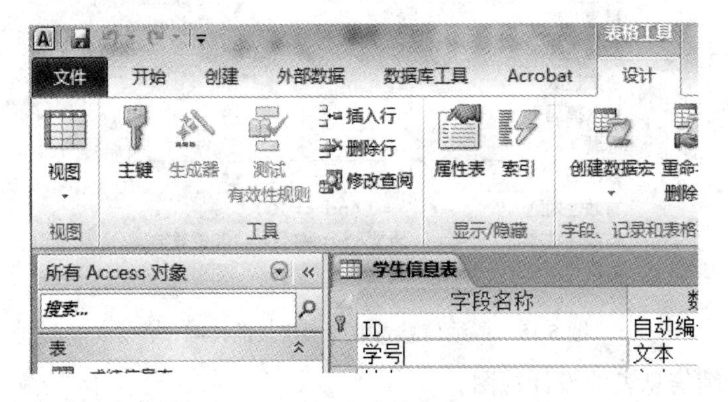

图 5.17 对数据表中字段进行修改

4．建立数据表的关系

现在可以看到已经创建的 3 个数据表的字段之间是有一定关系的。比如，成绩信息表中的学号 ID 字段应该是与学生信息表中的 ID 字段对应，并且只有在学生信息表中出现过的 ID 才能出现在成绩信息表的学号 ID 字段中。同样，成绩信息表中的课号 ID 字段也是与课程信息表中的 ID 字段对应，且只有在课程信息表的 ID 字段中出现过的 ID 才能出现在成绩信息表的课程 ID 字段中。因此我们需要建立学生信息表和成绩信息表之间的关系，也需要建立课程信息表和成绩信息表之间的关系。当关系建立后，Access 2010 能确保相关表中记录之间关系的有效性，也就是说，只有在满足前述情况的前提下，用户才能正常录入或者修改、删除数据表中记录。

1) 打开“关系”窗口

(1) 确定已经将所有数据表的设计视图关闭。

编辑关系前需要将所有数据表的设计视图关闭，具体关闭方法参见图5.9关闭学生信息表的方式即可。

(2) 点击“关系”按钮。

如图5.18所示，在“数据库工具”选项卡的“关系”组中，点击“关系”按钮，即可进入“关系”窗口，进行关系的编辑。

(3) “显示表”对话框。

点击关系按钮后，将出现“显示表”对话框，如图5.19所示

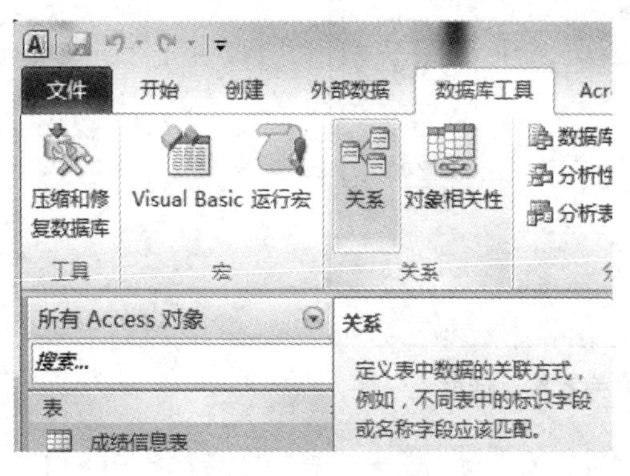

图5.18 点击“关系”按钮

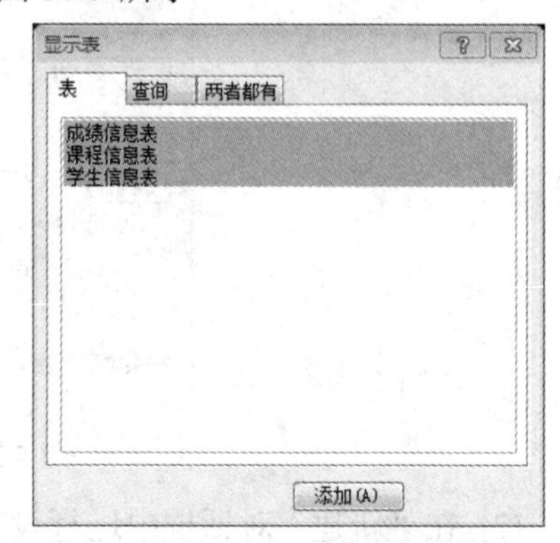

图5.19 “显示表”对话框

因为，后面需要确定学生信息表和成绩信息表之间的关系，也需要确定课程信息表和成绩信息表之间的关系，因此，现在即在“显示表”对话框中将三个数据表都选中，然后点击“添加”按钮即可。当添加数据表后，“显示表”对话框中会出现“关闭”按钮，这时点击该“关闭”按钮，就可以把“显示表”对话框关闭。这时，出现如图5.20所示关系界面。

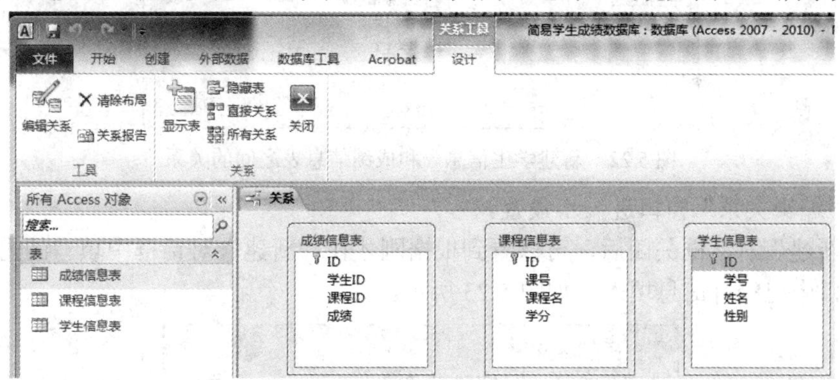

图5.20 关系界面

在图5.20中可以看到现在Access 2010中出现“关系工具”→“设计”选项卡，在该选项卡中有“显示表”按钮，也即如果数据表还没有根据需要完全添加，就关闭了刚才的“显示表”对话框，还可以通过该“显示表”按钮，将“显示表”对话框再次打开，进行数据表的添加。当然对应还有“隐藏表”按钮，功能跟“显示表”相反，如果多添加了数据表，也可以通过该按钮将多添加的数据表从关系窗口中移除。

2) 确定学生信息表和成绩信息表之间的关系

如前所述，学生信息表中的ID字段和成绩信息表中的学生ID是有一定关系的。该关

系为学生信息表中没有的 ID 记录，不能在成绩信息表中的学生 ID 字段中出现，也就是如果该学生并不在学生信息表中出现，那么该生也不可能有成绩在成绩信息表中出现。通过建立表之间的关系，能确保数据库的参照完整性。

(1) 打开“编辑关系”窗口。

点击图 5.20 所示“关系工具”→“设计”选项卡中的“编辑关系”按钮，则弹出“编辑关系”对话框，如图 5.21 所示。

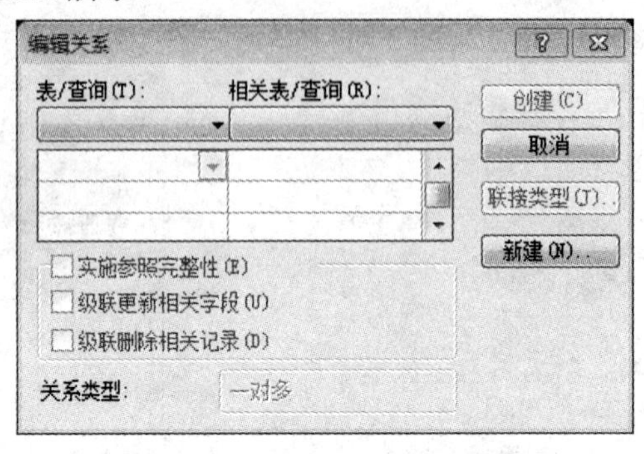

图 5.21　“编辑关系”对话框

(2) 在“新建”对话框中进行设置。

在“编辑关系”对话框中点击“新建”按钮，则出现“新建”对话框，在其中根据上面所述分别进行设置和选择后，如图 5.22 所示。当选择好后，点击“新建”对话框中的“确定”按钮即可关闭该“新建”对话框。

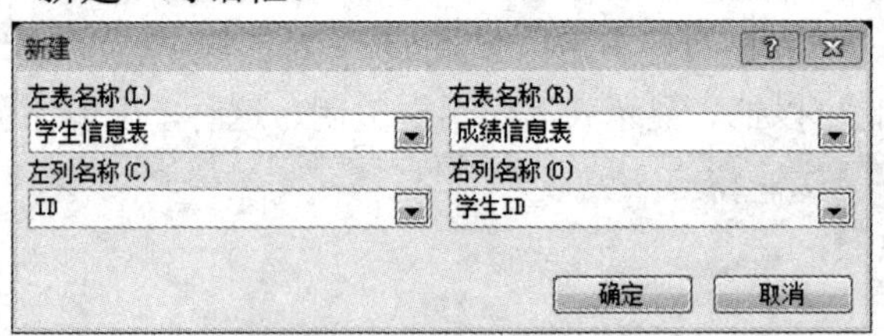

图 5.22　新建学生信息表和成绩信息表之间的关系

(3) “编辑关系”窗口进一步设置。

当“新建”对话框关闭后，可以看到根据刚才在“新建”对话框中填写的内容“编辑关系”窗口中已经有信息填入，如图 5.23 所示。

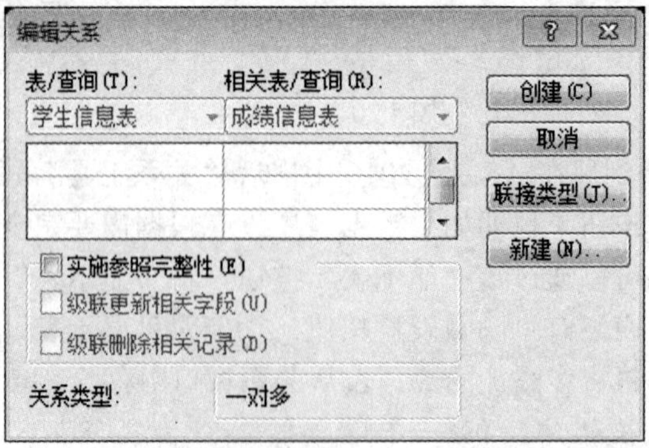

图 5.23　已经填入部分信息的“编辑关系”窗口

(4) 完成学生信息表和成绩信息表中关系的创建。

在图 5.23 所示的“编辑关系”窗口中，进一步将“实施参照完整性”、“级联更新相关字段”和“级联删除相关字段”几个复选框依次选中，然后点击该对话框中的“创建”按钮。

当在学生信息表和成绩信息表之间设置实施参照完整性后，如果学生信息表中没有某一学生的记录(ID)，则成绩信息表中也不能有该学生(学号 ID)的成绩。

当学生信息表和成绩信息表中关系创建后，为了使布局美观，用鼠标拖动表的标题栏，可以移动表在“关系”窗口中的位置，如图 5.24 所示

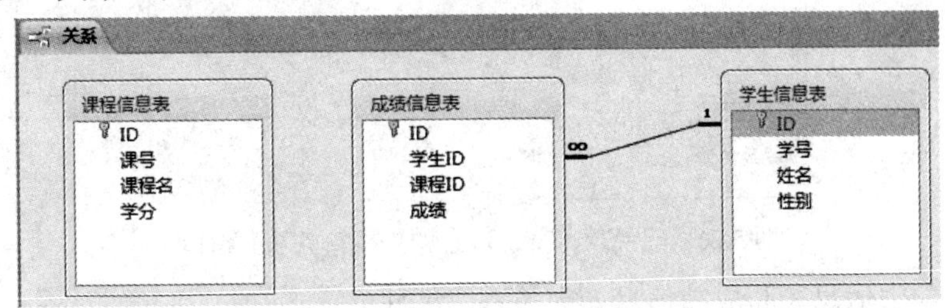

图 5.24　移动布局后显示的学生信息表和成绩信息表之间关系

在这里学生信息表和成绩信息表是一对多的关系，简单来说，就是学生信息表中的一名学生(一条记录)可以在(对应)成绩信息表中有多条记录，这是符合实际需求的，因为一名学生可以选修多门课程，因此在成绩信息表中会有多条记录。

3) 确定课程信息表和成绩信息表之间的关系

如前所述，课程信息表中的 ID 字段和成绩信息表中的课程 ID 字段是有一定关系的。该关系为若课程信息表中没有的 ID 记录，不能在成绩信息表中的课程 ID 字段中出现，也就是如果该课程并不在课程信息表中出现，那么也不能有该课程的成绩在成绩信息表中出现。

因为刚才编辑确定学生信息表和成绩信息表之间的关系时，已经打开了关系窗口，所以，现在直接添加新的关系即可。如果该窗口被关闭，则如图 5.18 所示，在“数据库工具”选项卡的“关系”组中，点击“关系”按钮，即可进入“关系”窗口，进行关系的编辑。

(1) 打开“编辑关系”窗口。

点击图 5.20 所示“关系工具”→“设计”选项卡中的“编辑关系”按钮，则弹出“编辑关系”对话框。

(2) “新建”对话框中进行设置。

在“编辑关系”对话框中点击“新建”按钮，则出现“新建”对话框，在其中根据上面所述分别进行设置和选择后，如图 5.25 所示。当选择好后，点击“新建”对话框中的“确定”按钮即可关闭该“新建”对话框。

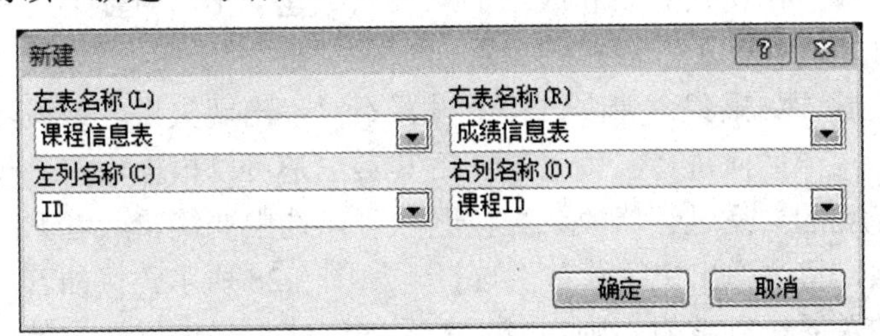

图 5.25　新建课程信息表和成绩信息表之间的关系

(3) “编辑关系”窗口进一步设置。

当“新建”对话框关闭后，可以看到根据刚才在“新建”对话框中填写的内容“编辑关系”窗口中已经有信息填入，如图5.26所示。

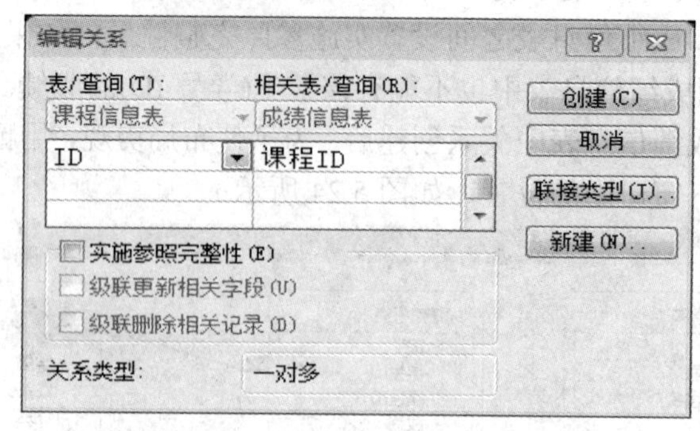

图5.26　已经填入部分信息的“编辑关系”窗口

(4) 完成学生信息表和成绩信息表中关系的创建。

在图5.26所示的“编辑关系”窗口中，进一步将“实施参照完整性”、“级联更新相关字段”和“级联删除相关记录”几个复选框依次选中，然后点击该对话框中的“创建”按钮。

当在课程信息表和成绩信息表之间设置实施参照完整性后，如果课程信息表中没有某一课程的记录(ID)，则成绩信息表中也不能有该课程的成绩(课程ID)。

当学生信息表和成绩信息表中关系创建后，为了使布局美观，则用鼠标拖动表的标题栏，可以移动表在“关系”窗口中的位置，如图5.27所示。

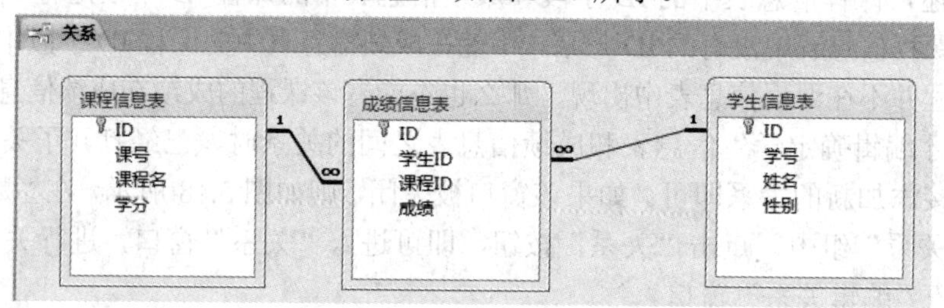

图5.27　移动布局后显示的关系

在这里课程信息表和成绩信息表是一对多的关系，简单来说，就是课程信息表中的一门课程(一条记录)可以在(对应)成绩信息表中有多条记录，这是符合实际需求的，因为一门课程可以被多名学生选修，因此在成绩信息表中会有多条记录。

4) 修改关系

经过上面的步骤，学生信息表和成绩信息表已经建立了一对多的关系，同样，课程信息表和成绩信息表也建立好了一对多的关系。

现在有一个问题，如果关系建立过程中设置不对，出现失误，或者建立关系后，又想进行修改或者删除，该如何进行。关系建立后其实也是可以根据需要进行修改的。如果在关系建立后想对建立的关系进行修改或直接删除可以选中要编辑或者删除的关系连线，然后在其上点击右键，将会弹出快捷菜单供选择，如图5.28所示。例如若想对课程信息表和成绩信息表之间的关系进行编辑，则在表示关系的连线上点击鼠标右键，在弹出的快捷菜单中进行选择即可。

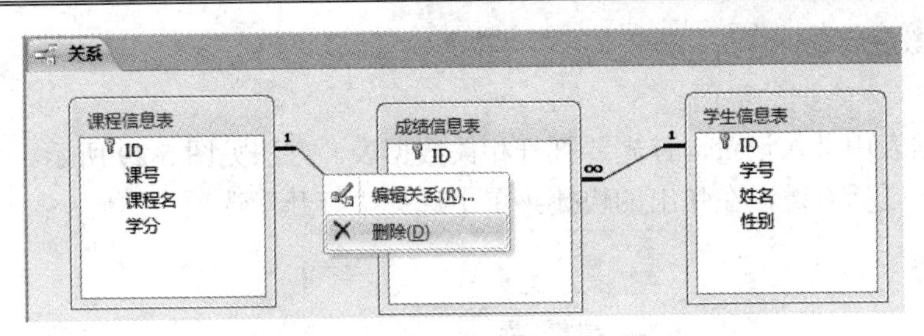

图 5.28　编辑或者删除已经存在的关系

5) 关闭关系窗口

当关系编辑完成后，最好将关系窗口关闭，方法可参见图 5.20，选择“关系工具”→“设计”选项卡，在该选项卡中点击“关闭”按钮即可。

5．录入数据

现在已经创建了 3 个数据表，并确立了 3 个数据表之间的关系，可以进行数据的录入了。数据录入的时候要注意一些约束，并需要一条一条记录的去录入数据，而不是先将所有数据的某一属性全部录入，然后再录入另一属性。

1) 数据录入的一些约束

在数据录入的时候，需要注意，要录入数据表中的数据需要在录入的时候满足一定的要求，即满足一定的约束条件才能录入。

(1) 主键。

一张数据表可以根据实际需求，有多个字段，但是只能有一个主键，主键可以是由一个字段组成，也可以根据需要由多个字段组成。在 Access 2010 中生成数据表的时候，就有一个默认的主键，该主键由一个字段组成，该字段在数据类型处填写的是自动编号，自动编号也就意味着，我们在录入记录的时候，可以不录入该字段的数据，字段的数据自动生成，并保证每条记录的该字段值都不一样。在本简易学生成绩数据库中的 3 个数据表的主键都是采用自动编号的字段。若是自己设置主键，比如，在学生信息表中如果不想用自动编号的字段作为该表的主键，而改用学号为主键，那么就需要保证录入的每一条记录的学号值都不一样，否则录入数据的时候会有错误提示，不让录入。

(2) 字段类型有效性。

在前面构建数据表结构的时候，我们已经对每一个数据表中的字段做了详细设置，在录入记录的时候就需要遵守该约束，否则也会有错误提示并不让该记录录入。比如，在成绩信息表中就需要成绩的取值范围在 0～100 之间，如果超过该范围会有错误提示信息。另外，在字段设置“详细”选项卡中“必需”填写为“是”，则表示每条记录中该字段为必须填写的，如果不填写，也是会出现出错信息的。

(3) 关系。

已经根据需求设置好学生信息表和成绩信息表之间的关系，也设置好了课程信息表和成绩信息表之间的关系，因此在录入数据的时候需要满足这些一对多的关系。即只有在学生信息表中出现学生记录才能出现在成绩信息表中，只有在课程信息表中出现的课程，才能出现在成绩信息表中。因此录入各个数据表中的记录是有一定顺序的，先需要录入学生信息表和课程信息表中的记录，最后才能录入成绩信息表中的记录。

2) 录入数据

(1) 打开录入数据的界面。

要往数据表中录入记录，首先要打开相关数据表，方法见图 5.29 所示。直接在导航栏中的表上点击鼠标右键，在弹出的快捷菜单中选择“打开”选项。

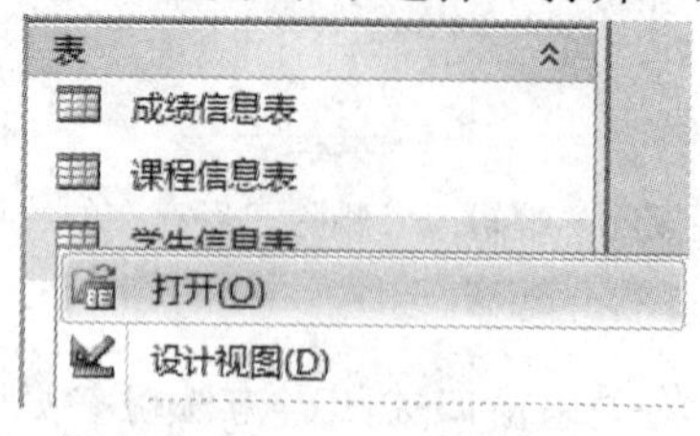

图 5.29　打开录入数据的界面

(2) 录入学生信息表中记录。

按照图 5.30 录入学生信息表中的记录。如图 5.30 所示，该学生信息表中暂时只填入了 4 条有效信息。

学生信息表

ID	学号	姓名	性别	单击以添加
1	980301	文清	女	
2	980302	张佳	女	
3	980303	叶飞	男	
4	990101	严肃	男	
(新建)			男	

图 5.30　学生信息表中的记录

(3) 录入课程信息表中记录。

按照图 5.31 录入课程信息表中的记录。如图 5.31 所示，该课程信息表中暂时只有 4 条有效信息。

课程信息表

ID	课号	课程名	学分	单击以添加
1	101	计算机操作基础	1	
2	102	英语	5	
3	103	高等数学	5	
4	104	计算机导论	2	
(新建)				

图 5.31　课程信息表中的记录

(4) 录入成绩信息表中记录。

按照图 5.32 录入成绩信息表中的记录。如图 5.32 所示，该成绩信息表中暂时只有 9 条有效记录。

成绩信息表

ID	学生ID	课程ID	成绩	单击以添加
1	1	1	56	
2	1	2	88	
3	2	2	93	
4	3	2	75	
5	2	3	72	
6	1	3	87	
7	3	1	39	
8	2	1	90	
9	3	3	75	
(新建)				

图 5.32　成绩信息表中的记录

6．查询

现在数据表已经建立，3 个数据表之间的关系也确定了，也录入多条记录，可以使用查询来进行数据的分析处理了。通过使用查询，可以从一个或者多个表中找到自己想要数据进行分析。下面通过两个例子简单介绍 Access 2010 中数据查询的实现。这两个例子都使用设计视图来创建查询。除了通过设计视图能进行查询的创建外，在 Access 2010 中还可以通过向导创建查询。

1) 查找不及格学生

建立查询查出所有不及格学生的学号、姓名、课程号、课程名、成绩，并以“不及格学生信息”为查询名保存。

(1) 进入查询设计视图。

点击“创建”选项卡中的“查询设计”功能按钮，如图 5.33 所示。

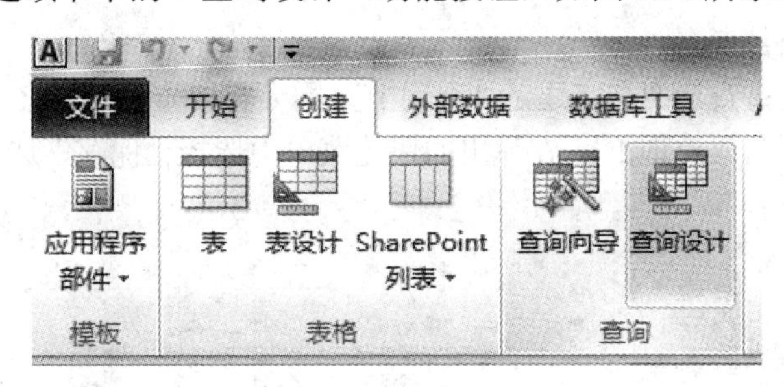

图 5.33　“查询设计”按钮

弹出“显示表”对话框，因为要查找不及格学生具体信息(包括学生信息、课程信息和成绩信息)，这几项信息分别存在学生信息表、课程信息表和成绩信息表中，因此需要将这三个表都选中，如图 5.34 所示。

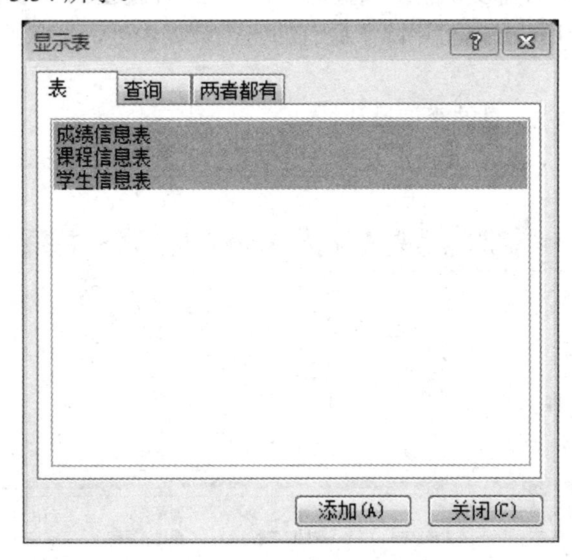

图 5.34　选中 3 个数据表后的“显示表”窗口

根据需要，选中这 3 个数据表后，点击“显示表”窗口中的“添加”按钮，则出现如图 5.35 所示查询设计视图。

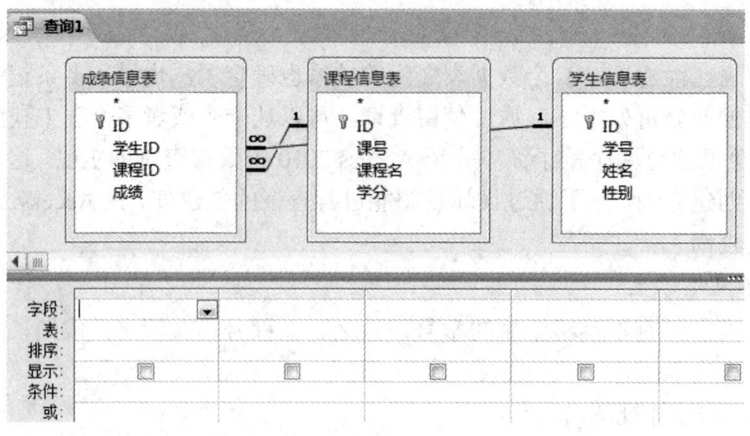

图 5.35　查询设计视图

(2) 保存并重命名查询。

可以看到，现在该查询的名字还是“查询 1”，需要将该查询重命名并保存，方法为右键点击该查询设计视图名“查询 1”，在弹出的快捷菜单中选择“保存”选项，如图 5.36 所示。

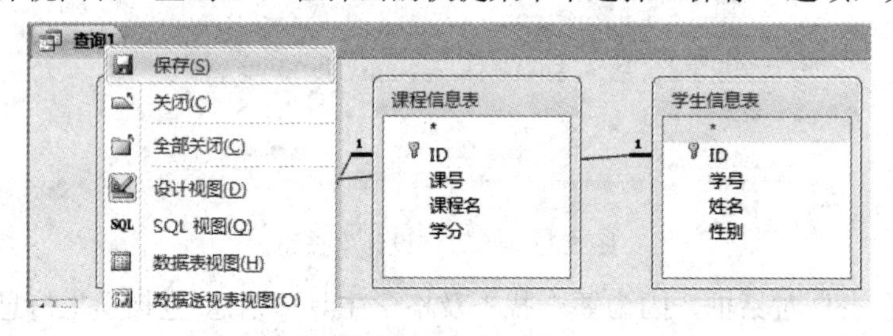

图 5.36　保存查询

当查询第一次保存时需要重新录入查询名称，这里直接录入查询名称为“不及格学生信息”。当查询被保存后，导航栏中除了原有的三个数据表外，又多了一项名为“不及格学生信息”的查询。

(3) 查找不及格学生信息的查询设计。

在查询设计视图中，为了查找不及格学生信息，按图 5.37 进行设置。这里，条件一项是成绩<60。

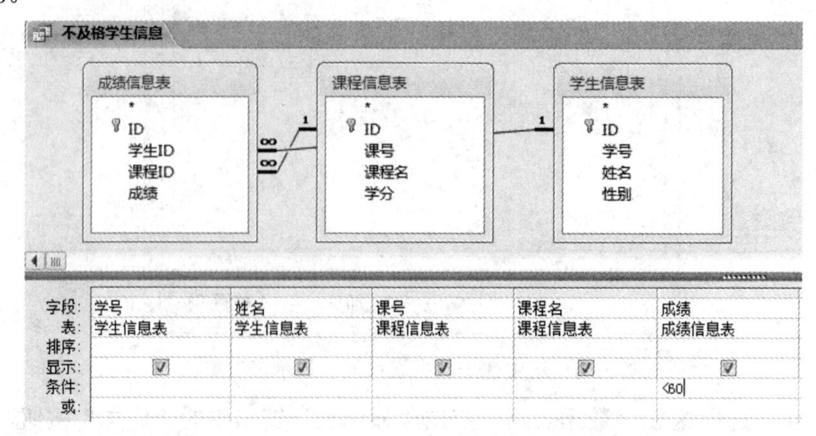

图 5.37　查找不及格学生信息的查询设计

(4) 查看查询结果。

查询设计好之后，要查看查询的结果，只需要点击“查询工具”→“查询”选项卡中“运行”按钮，如图 5.38 所示。

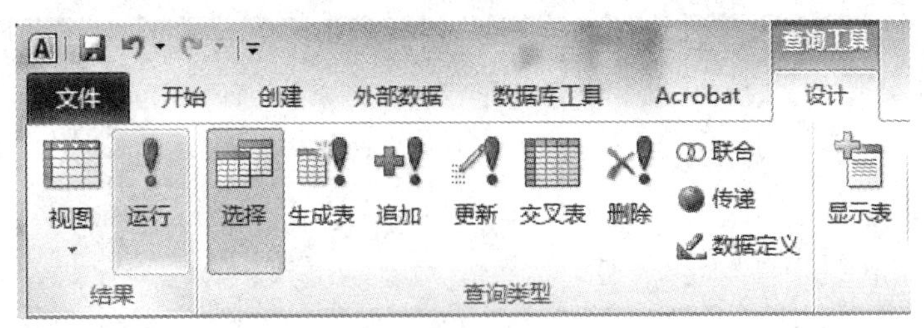

图 5.38　查询工具选项卡

点击后，能看到运行结果如图 5.39 所示。

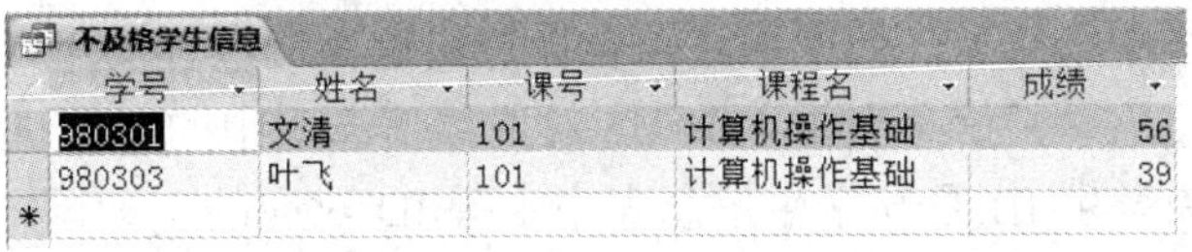

不及格学生信息

学号	姓名	课号	课程名	成绩
980301	文清	101	计算机操作基础	56
980303	叶飞	101	计算机操作基础	39
*				

图 5.39　查询运行结果

(5) 关闭查询视图。

关闭查询视图的方法如图 5.40 所示，在“不及格学生信息”标签处鼠标点击右键，在弹出的快捷菜单中选择“关闭”选项。

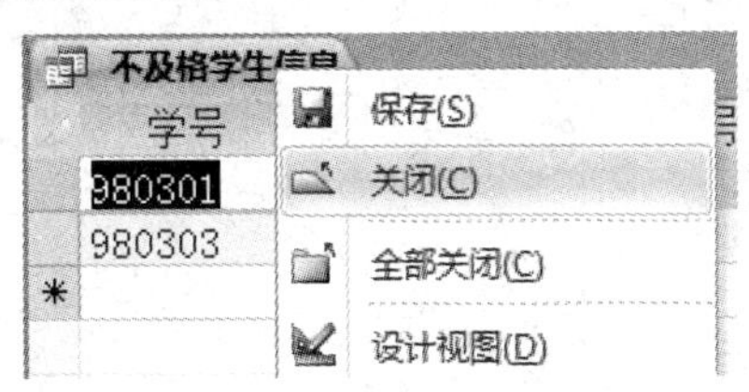

图 5.40　关闭查询视图

2) 计算各个学生平均分

如果想查看每位学生的平均分，也可以通过查询做到。

(1) 新建一个查询，并保存查询且重命名为“平均分”。

具体方法参见前面介绍，这里只需要将学生信息表和成绩信息表加入即可。

(2) 查询设计网格中插入总计行。

为了进行总计运算，需要在查询设计网格中增加总计一行，方法为点击“查询工具”→“设计”选项卡中的“汇总”按钮，如图 5.41 所示。

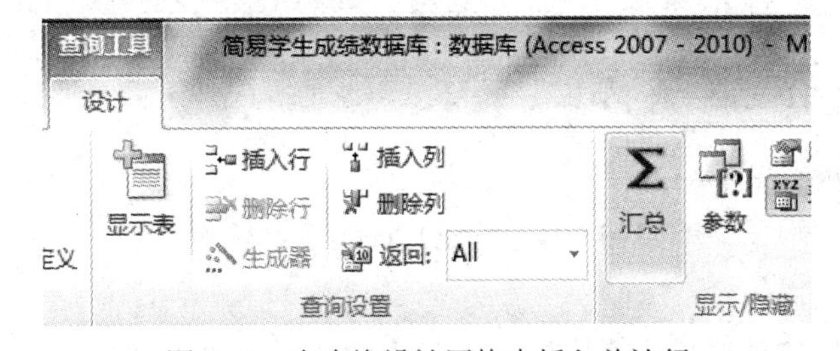

图 5.41　在查询设计网格中插入总计行

(3) 计算学生平均分的查询设计。

因为前面已经设置了学生信息表和成绩信息表之间的关系，此时若是将学生信息表和成绩信息表中所有字段显示出来，如图 5.42 所示。

成绩信息表.ID	学生ID	课程ID	成绩	学生信息表	学号	姓名	性别
1	1	1	56	1	980301	文清	女
2	1	2	88	1	980301	文清	女
6	1	3	87	1	980301	文清	女
3	2	2	93	2	980302	张佳	女
5	2	3	72	2	980302	张佳	女
8	2	1	90	2	980302	张佳	女
4	3	2	75	3	980303	叶飞	男
7	3	1	39	3	980303	叶飞	男
9	3	3	75	3	980303	叶飞	男

图 5.42　所有学生成绩信息

在图 5.42 中能看到所有学生的每门课程成绩信息，但是现在是想要获得每位学生所有课程的平均分，即张佳选修了 3 门课程，需要计算出这 3 门课程的平均分并显示出来。

在这里，通过使用学生信息表中主键 ID 对成绩信息表中的成绩进行分类(注意到成绩信息表中有一字段为学生 ID 是与学生信息表中主键 ID 对应的)，即同一位学生的所有成绩信息划分成一组，对该组中的成绩求平均值，则能获得该生的课程平均分。

因此在查询设计视图中，为了计算学生平均分，按图 5.43 进行设置

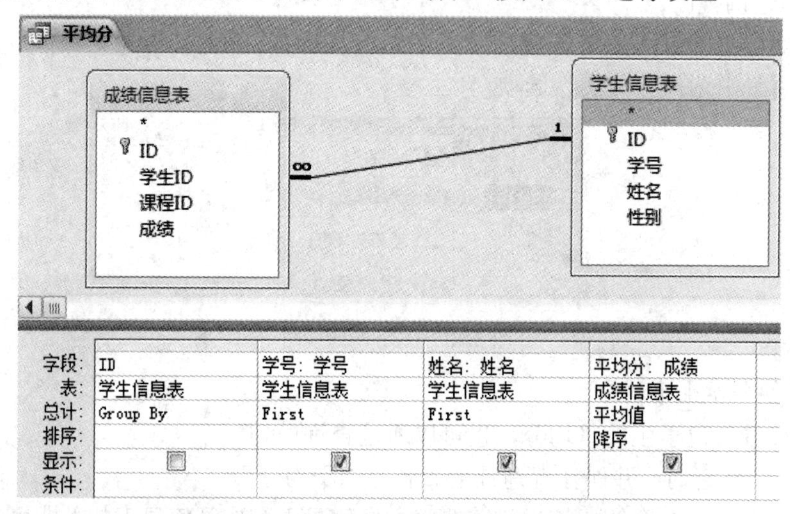

图 5.43　计算每位学生平均分的查询设置

点击“查询工具”→“设计”选项卡中的“运行”按钮，获得查询后的结果如图 5.44 所示。

平均分

学号	姓名	平均分
980302	张佳	85
980301	文清	77
980303	叶飞	63

图 5.44　平均分查询运行结果

(4) 关闭查询。

在“平均分”标签处鼠标点击右键，在弹出的快捷菜单中选择“关闭”选项。

3) 修改查询

有时候需要对查询进行修改，如果在已经关闭查询视图的情况下，需要对查询进行修改，则只需要在导航栏中右键点击需要进行修改的查询，在弹出的快捷菜单中选择“设计视图”就可以进入查询设计视图，对该查询进行编辑如图 5.45 所示。

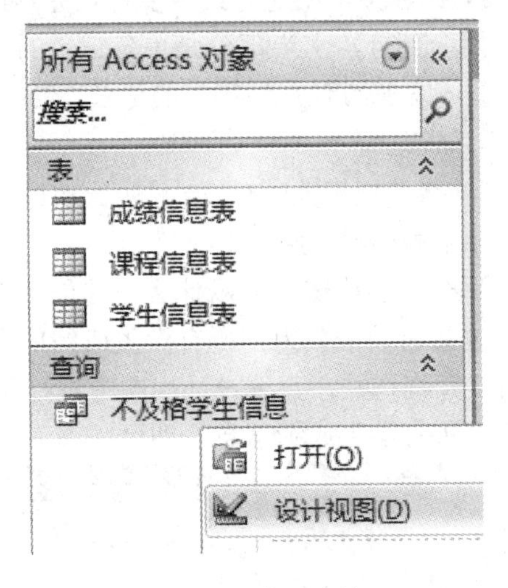

图 5.45　修改查询

5.2　实训二：Access 2010 数据库综合应用

本实训主要介绍 Access 2010 窗体建立和报表制作。

5.2.1　任务提出

辅导员想对学生的成绩进行分析，并将学生成绩打印，分别邮寄给学生家长。

5.2.2　解决方案

Access 2010 具备窗体建立和报表制作的功能，辅导员的要求可以通过 Access 2010 实现。

5.2.3　相关知识

1．窗体

窗体是 Access 2010 数据库中一个比较重要的对象之一，通过窗体能进行数据的查询显示等操作。当一个数据库系统开发完成后，可以建立窗体对数据库进行操作。

2．报表

报表是以格式化的形式向用户显示和打印的一种有效方法，建立报表是为了以纸张形式保存或输出数据。但是报表只能查看数据，不能修改和输入数据。

5.2.4　实现方法

1．创建窗体

Access 2010 中窗体的类型比较多，创建方式也多样。分割窗体是其中的一种。分割窗体顾名思义，一个窗体分为两个部分，上半部分是单条记录的详细信息，下半部分是所有记录的集中显示。通过分割窗体既能同时看到较多的记录，也能对某条记录进行仔细查看。

1) 创建分割窗体

辅导员若想要查看所有学生各门课程的所有成绩情况，可以简单采用分割窗体显示出来。

(1) 生成查询，获得分割窗体数据来源。

窗体能用于显示信息，那么，要让窗口显示什么样的信息就需要首先要有已经生成的数据源才行。这里，可以通过新建一个名为“所有学生成绩信息”的查询，作为该分割窗体的数据源。具体方法为新建查询，并在查询设计视图中进行如图 5.46 所示设置，关闭该查询视图并重命名该查询为“所有学生成绩信息”即可。

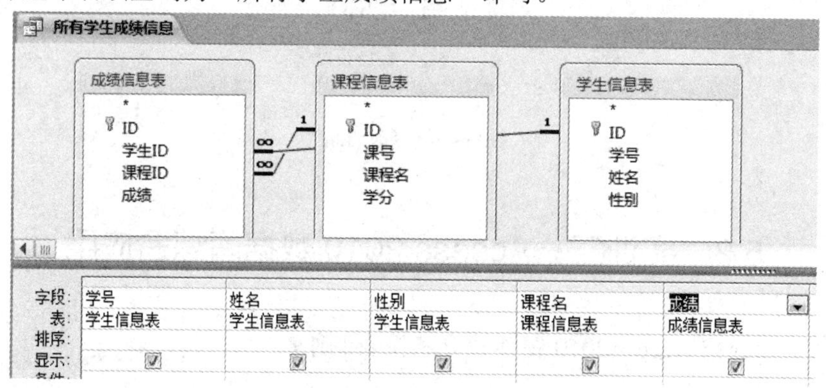

图 5.46　所有学生成绩信息的查询视图

保存之后，导航栏中会出现一个新的查询为“所有学生成绩信息”。

(2) 使用“所有学生成绩信息”查询作为数据源，创建分割窗体。

为了使用“所有学生成绩信息”查询作为分割窗体的数据源，首先需要鼠标左键选中导航栏中的“所有学生成绩信息查询”，然后，点击“创建”选项卡中的“其他窗体”按钮，在打开的下拉列表中，点击选择“分割窗体”，如图 5.47 所示。

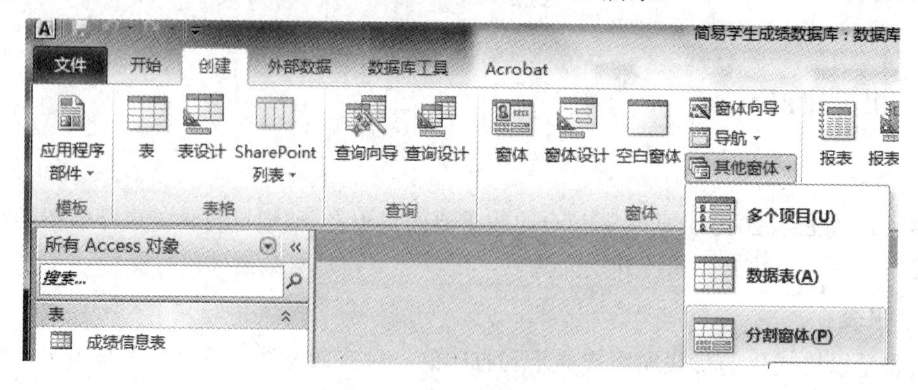

图 5.47　创建其他窗体

分割窗体创建后，则看到如图 5.48 所示结果，此时处于布局视图，在该视图中，可以自由的根据自己的需要对布局进行修改。

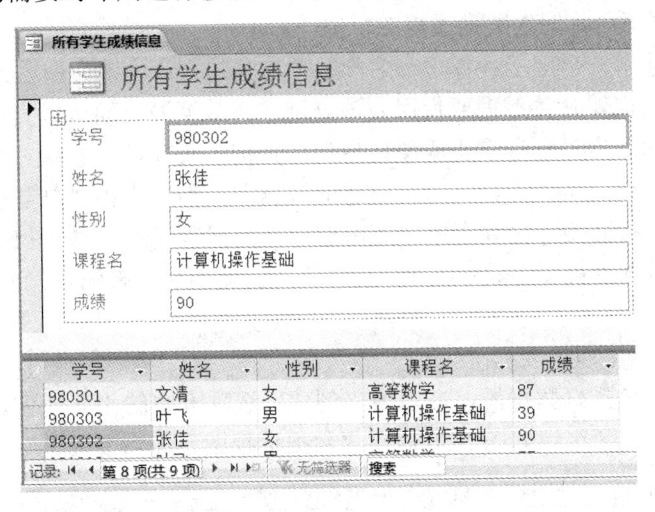

图 5.48　分割窗体的布局视图

(3) 保存并关闭窗体。

窗体设计好后，需要进行保存，命名为“所有学生成绩信息窗体”，之后将该窗体关闭。方法为鼠标右键点击图 5.49 所示“所有学生成绩信息”选项卡，在弹出的快捷菜单中进行选择。

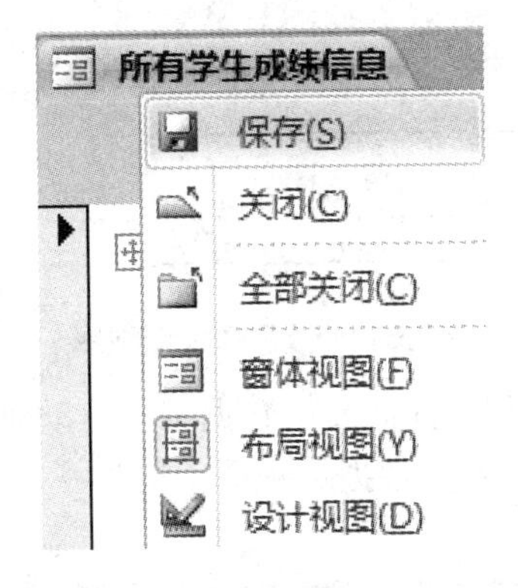

图 5.49　保存关闭窗体以及视图切换的快捷菜单

当该窗体重命名保存后，在导航栏中也会新增加名为“所有学生成绩信息窗体”的窗体。之后如果想对该窗体布局进行修改，可以直接鼠标右键点击导航栏中该项，并在弹出的快捷菜单中选择“布局视图”。如果想进入该窗体的“窗体视图”，则只需要在导航栏中的该窗体上鼠标左键单击就可以了。在分割窗体的“窗体视图”中，不仅可以浏览数据，还能进行数据的修改，当然数据的修改也需要满足数据录入时的一些约束。

2) 创建数据透视图窗体

一般来说，图形比表格具有更加直观的效果。如果辅导员想查看各班成绩的平均分情况，就可以通过创建反映各班平均成绩的数据透视窗体完成。当然，要查看各班所有同学的平均分，需要对学生信息表进行修改，并需要录入较多的数据，这里就不进行，而仅仅

用另一个例子来进行说明。如创建一个数据透视图窗体，显示每一名学生的平均分情况(比较适合这里学生录入较少的情况下作为例子)。

(1) 选择数据源，并创建数据透视图窗体。

前面已经创建了一个用于计算每一名学生平均分的查询，该查询名为“平均分”，但是创建该数据透视图窗体时并不需要使用到该查询作为数据源，而可以直接使用前面在创建分割窗体时创建的名为“所有学生成绩信息”的查询。现在可以直接在导航栏中用鼠标左键点击一下，进行选中，作为数据透视窗体的数据源，然后点击“创建”选项卡中的“其他窗体”按钮，在打开的下拉列表中，点击选择“数据透视图”，如图 5.47 所示。(注：该图中并没有把“数据透视图”显示出来，但是在“其他窗体”按钮下确实有“数据透视图”选项。)

(2) 选择显示“字段列表”。

当在导航栏中选择好数据源，并点击“创建”选项卡中的“其他窗体”按钮下的“数据透视图”选项后，会出现如图 5.50 所示“数据透视图”编辑界面。

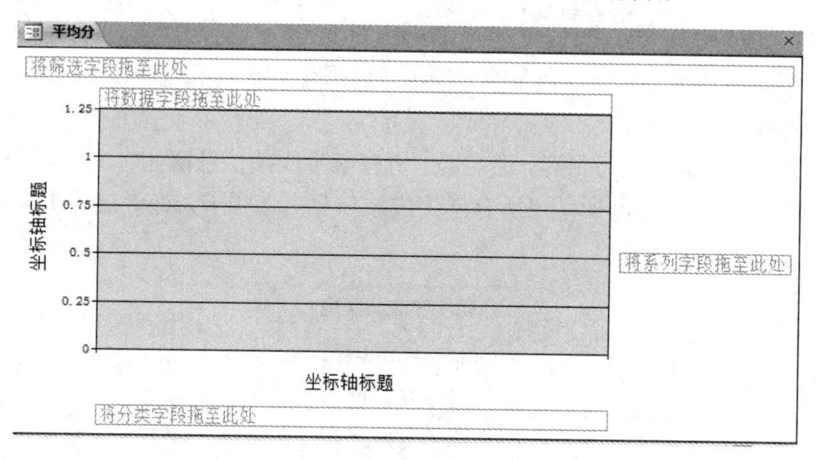

图 5.50 数据透视图视图

在图 5.50 中可以看到，需要根据需要把数据字段拖动到适当的位置，而此时如果字段列表并没有显示出来，则需要选择“数据透视图工具”→“设计”选项卡中的“字段列表”按钮，如图 5.51 所示。

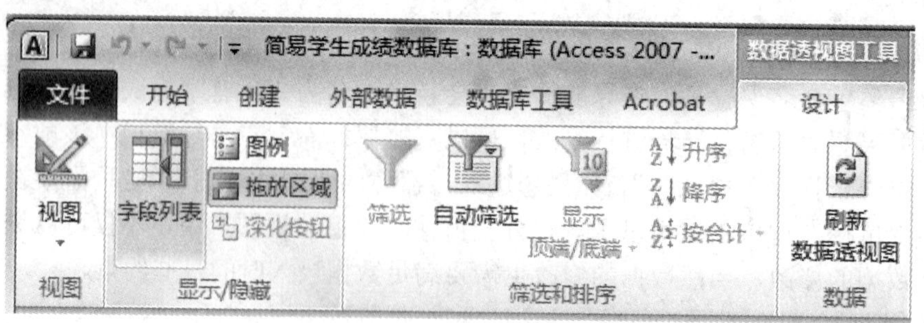

图 5.51 选择显示“字段列表”

字段列表中会将该数据透视图中的数据源里面的字段显示出来，提供拖动到数据透视图视图中。“图表字段列表”会在一个小窗口中进行显示，如图 5.52 所示。

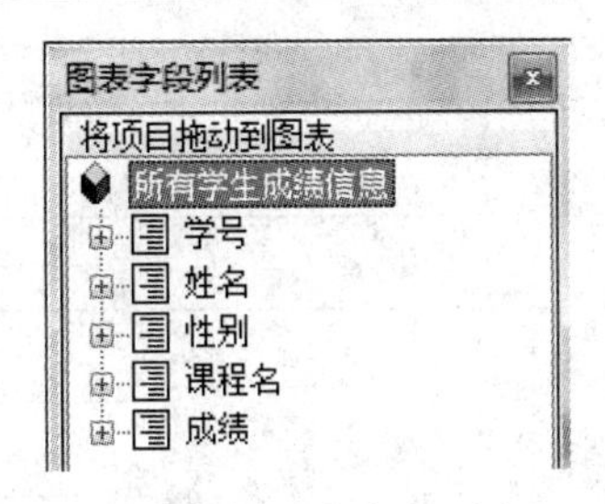

图 5.52 图表字段列表

(3) 拖动字段到数据透视图视图中适当位置。

为了将数据透视图完成，现在需要根据图 5.50 中的提示，将图 5.52 中显示的图表字段列表中的字段按住鼠标左键，拖动到相应的位置。先在“图表字段列表”中的“姓名”字段上按住鼠标左键不放，拖动到图 5.50 所示的“数据透视视图”中的“将分类字段拖至此处”。然后在“图表字段列表”中的“成绩”字段上按住鼠标左键不放，拖动到图 5.50 所示的“数据透视视图”中的“将数据字段拖至此处”。

拖动之后，出现的窗口状态如图 5.53 所示。

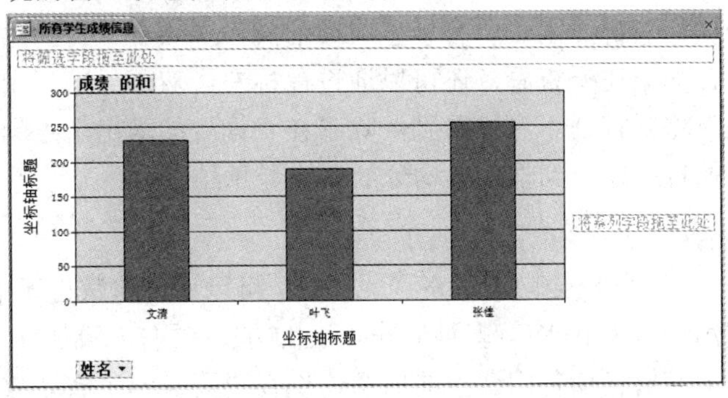

图 5.53 数据透视图半成品

(4) 修改统计为求平均值。

在图 5.53 中，可以看到横轴上是学生的姓名，纵轴是成绩分数，这里默认是对成绩字段求和，并没有满足求平均值的要求，需要修改。在“成绩的和”处点击鼠标右键，在弹出的快捷菜单中选择“自动计算”一项，在其中选择“平均值”，如图 5.54 所示。

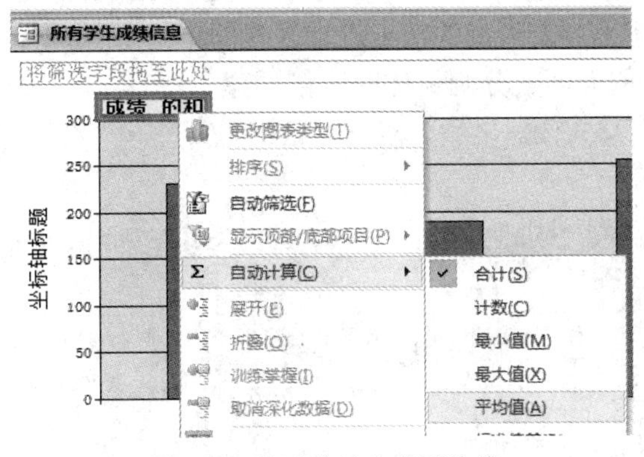

图 5.54 修改统计为求平均值

修改后，得到的效果如图 5.55 所示。

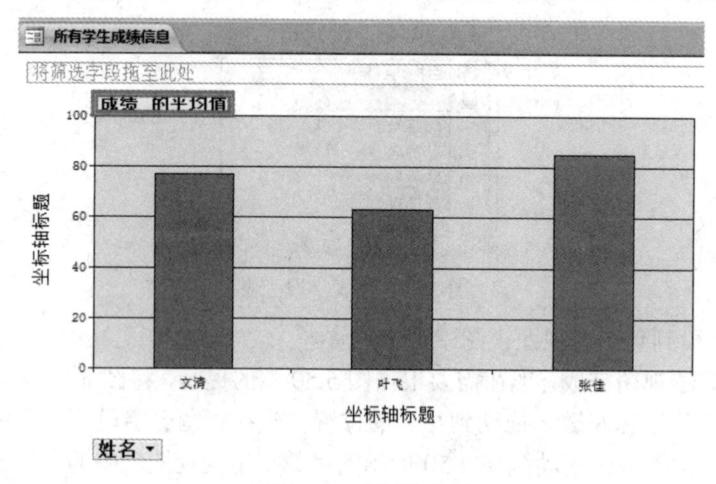

图 5.55 求平均值

(5) 保存并关闭窗体。

窗体设计好后，需要进行保存，命名为“所有学生成绩平均值数据透视图”，之后将该窗体关闭。方法为鼠标右键点击“所有学生成绩信息”选项卡，在弹出的快捷菜单中进行选择。窗体关闭后，如果还想查看，还可以通过鼠标左键双击导航栏中的“所有学生成绩平均值数据透视图”将其打开。可以看到，除了在查询处能求出学生的平均分，通过创建数据透视图窗体也能直观地看到学生平均分的图形显示结果。

2. 报表

大一新生学期结束，学校会向家里寄送成绩单。可以通过将数据库中的数据创建报表，然后打印出来。在 Access 2010 中有多种制作报表的方式。同样，制作报表也需要设定数据源。寄送的成绩单中需要包括各门课程的成绩，现在“简易学生成绩数据库”中并没有符合条件的数据表和查询。因此先需要创建一个符合要求的查询，在这里采用交叉表查询。

1) *创建交叉表查询作为报表数据源*

(1) 新建查询。

点击“创建”选项卡中的“查询设计”按钮后，在弹出的“显示表”窗口中选择“查询”选项卡(默认是在“表”选项卡，前面的查询创建的数据源都是基于现存的数据表，而查询其实也是可以基于另一个查询的结果进行创建的)。在该选项卡中选择“所有学生成绩信息”查询(该查询在前面创建分割窗体的时候创建了)，之后点击“显示表”中的添加按钮，并将“显示表”窗口关闭。之后，点击“查询工具”→“设计”选项卡中的“交叉表”按钮，如图 5.56 所示。

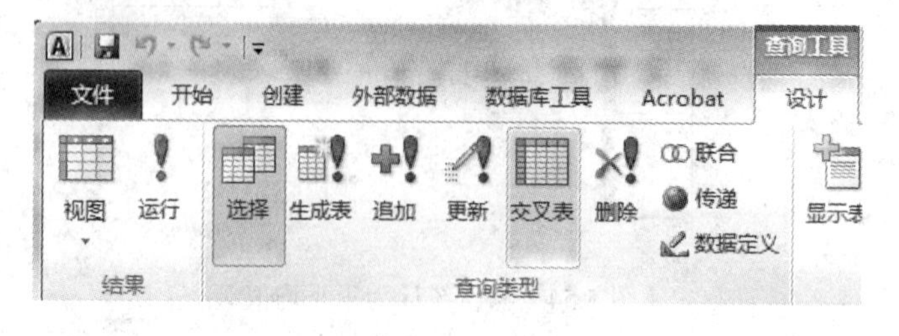

图 5.56 交叉表

(2) 具体设置查询条件。

在出现的设计视图中，按照图 5.57 所示，进行设置。

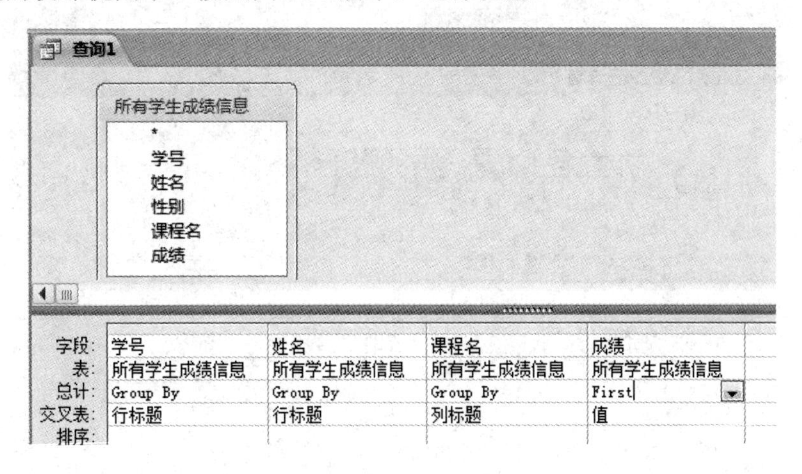

图 5.57　创建交叉表查询

(3) 查看查询结果。

选择“查询工具”→“设计”选项卡中的“运行”按钮，则能看到查询结果如图 5.58 所示。该结果正是我们想要的，能将每位学生的成绩如此显示出来。

查询1

学号	姓名	高等数学	计算机操作	英语
980301	文清	87	56	88
980302	张佳	72	90	93
980303	叶飞	75	39	75

图 5.58　创建的查询结果

(4) 关闭并保存查询。

将该查询保存为“学生各门课程成绩详情”，并关闭该查询设计视图。

2) 创建报表

(1) 选择数据源。

首先鼠标左键点击导航栏中名为“学生各门课程成绩详情”的查询，以其作为报表数据源。

(2) 创建报表。

选择“创建”选项卡中的“报表”按钮，如图 5.59 所示。

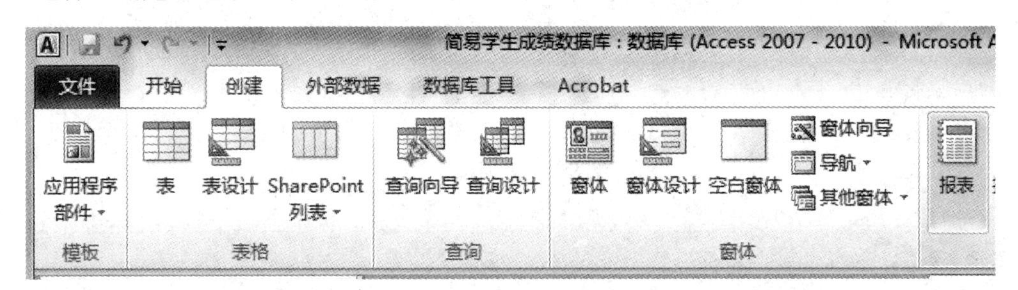

图 5.59　创建报表

点击后出现报表的布局视图，如图 5.60 所示。在该报表布局视图以及报表的布局视图中可以对报表进行修改，比较费时，这里不再讲解。当报表修改满意后，可以将报表打印出来。

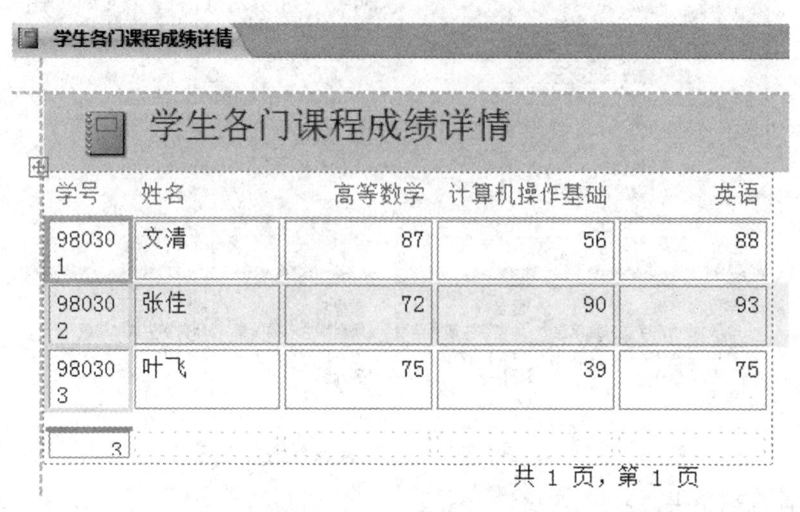

学生各门课程成绩详情

学生各门课程成绩详情

学号	姓名	高等数学	计算机操作基础	英语
980301	文清	87	56	88
980302	张佳	72	90	93
980303	叶飞	75	39	75

3

共 1 页，第 1 页

图 5.60　报表的布局视图

(3) 保存报表

将该报表保存并重命名为“学生成绩单”。

第6章　计算机网络基础

计算机网络，是指将地理位置不同的具有独立功能的多台计算机及其外部设备，通过通信线路连接起来，在网络操作系统、网络管理软件及网络通信协议的管理和协调下，实现资源共享和信息传递的计算机系统。

6.1　实训一：Internet基本应用

本实训主要介绍IP地址设置相关知识。

6.1.1　任务提出

小唐刚开学，跟同宿舍同学一起申请了光纤宽带，准备合用一个帐号。光猫由运营商提供，路由器是以前宿舍成员一起用ADSL宽带上网的时候就买了的，安装人员来装光纤的时候，帮忙将路由器重新进行设置，并测试保证一台电脑接上路由器可用，走前告知，为了不与光猫IP192.168.1.1冲突，路由器LAN口IP已经重新设置为192.168.121.1，并且已经在路由器中将上网帐户和上网口令设置好，路由器中已经设置好DHCP服务，并将地址池的开始地址和结束地址都已经设置好。小唐同学只需要将电脑IP设置为自动获得IP或者将电脑IP设置为与路由器LAN口IP同一网段，并用网线把电脑和路由器上的LAN口连接就可以上网了。宿舍有多台电脑，都需要连接网络，原先用ADSL宽带的时候，宿舍电脑使用的都是固定IP，跟当时的路由器LAN口IP192.168.1.1在同一网段。

6.1.2　解决方案

重新设置宿舍电脑的IP，使其与路由器LAN口IP192.168.121.1在同一网段就可以了。

6.1.3　相关知识

1．IPv4

IP协议的主要功能是将数据报在互连的网络上传送。目前最新的IP协议的版本为IPv6，不过现在主流使用的仍是IPv4。

2．IP地址

简单地说IP地址就好像是旅店的门牌，有了门牌号，就能找到对应的旅客，而有了IP地址，就能找到与之对应的主机。IPv4协议中的IP地址是32位地址。Internet上的每台主

机和每个路由器都有 IP 地址。同一局域网中的 IP 地址不能完全相同，否则就类似于同一家旅店两个房间的门牌号一样，旅客找不到自己的住处。

3．DNS

DNS(Domain Name System，域名系统)是一种把计算机主机名称解析为对应的 IP 地址的服务。从网络通信原理上来讲，DNS 并不是必需的，因为可以直接通过 IP 地址进行访问，事实上网络通信时最终采用的寻址方式也是网络层的 IP 地址寻址。比如一般上网会在浏览器的地址栏输入域名来访问网站，但是如果知道该网站服务器的 IP 同样也是可以访问网站的。例如在地址栏中输入 www.guet.edu.cn 和在地址栏中输入 202.103.243.114 是一样的。计算机识别的是 IP 地址，DNS 服务器的用途是能将域名转换为 IP 地址，这样对于普通用户来说，其通过输入域名就可以上网，不需要记住复杂的 IP。

4．路由器

路由器(Router)是网络层的设备。路由器有三个特征：工作在网络层，能连接不同类型的网络，能选择数据传输的路径。路由器又称网关设备(Gateway)，用于连接多个逻辑上分开的网络，所谓逻辑网络是代表一个单独的网络或者一个子网。当数据从一个子网传输到另一个子网时，可通过路由器的路由功能来完成。因此路由器为了实现不同网络的互连，包括了许多软硬件技术。

5．DHCP

DHCP(Dynamic Host Configuration Protocol，动态主机配置协议)是一个局域网的网络协议，能给内部网络自动分配 IP 地址。在路由器中启用 DHCP 服务器后，不用亲自动手，就可以自动将局域网计算机中复杂的 TCP/IP 参数配置正确，且不用害怕手动分配 IP 时粗心所造成的 IP 冲突。

6．子网掩码

IP 地址由两部分组成，即网络号和主机号。网络号标识的是 Internet 上的一个子网，而主机号标识的是子网中的某台主机。子网掩码是一种用来指明一个 IP 地址的哪些位标识的是主机所在的子网，以及哪些位标识的是主机的位掩码。因此子网掩码的长度与 IP 地址一样也是 32 位，左边是网络位，用二进制数字“1”表示，右边是主机位，用二进制数字“0”表示。例如，如果 IP 地址为 192.168.121.128，子网掩码为 255.255.255.0，则网络号标识为 192.168.121，主机号标识为 128。

6.1.4　实现方法

下面将会一步步讲解如何在 Windows 7 系统中查看和设置 IP。

1．打开控制面板

电脑中有很多设置都需要用到控制面板来打开具体的操作位置。其实有很多方式都可以打开控制面板，下面介绍其中的一种。

首先在桌面上打开“我的电脑”，出现如图 6.1 所示窗口，然后点击该窗口上的“打开控制面板”按钮，就可以打开如图 6.2 所示的控制面板。或者也可以在图 6.1 所示窗口的电脑地址栏处输入“控制面板”这四个字就可以出现如图 6.2 所示的控制面板页面。

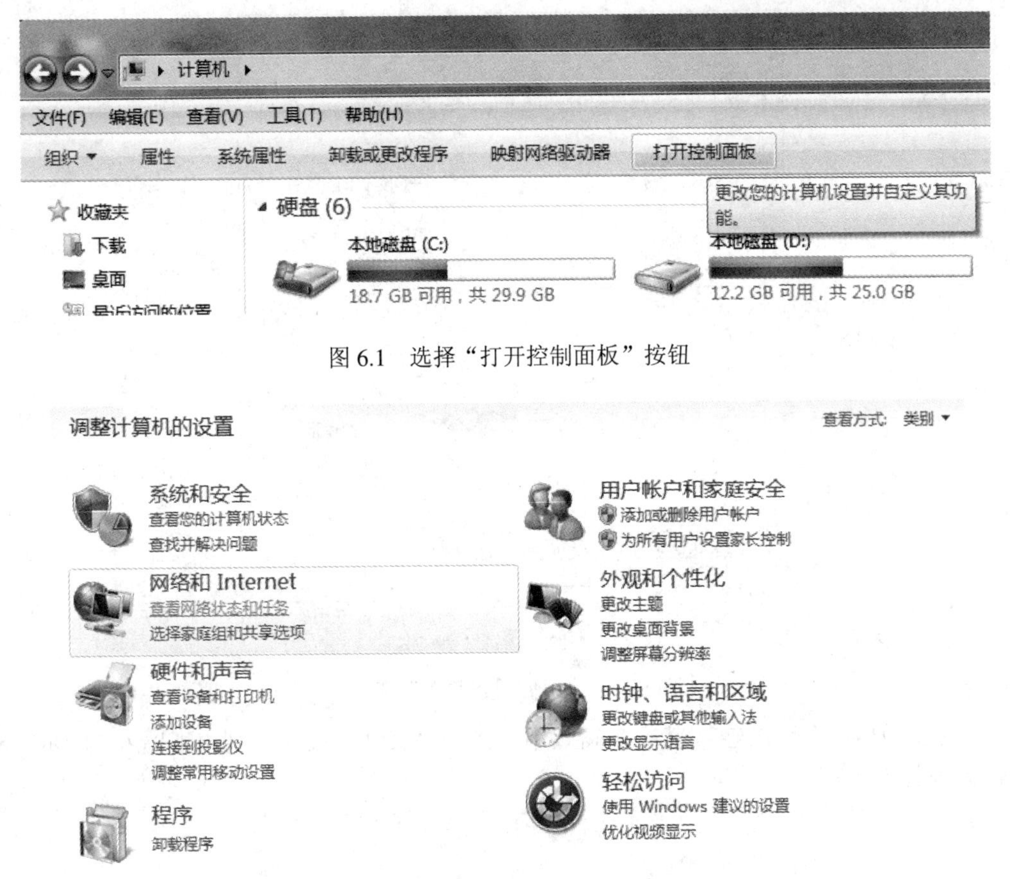

图 6.1　选择“打开控制面板”按钮

图 6.2　控制面板

2．进入网络和 Internet 选项

可以看到在图 6.2 所示的控制面板中的“网络和 Internet”下面有两个选项，分别是“查看网络状态和任务”和“选择家庭组和共享选项”。这时，选择“查看网络状态和任务”，就会出现如图 6.3 所示界面。

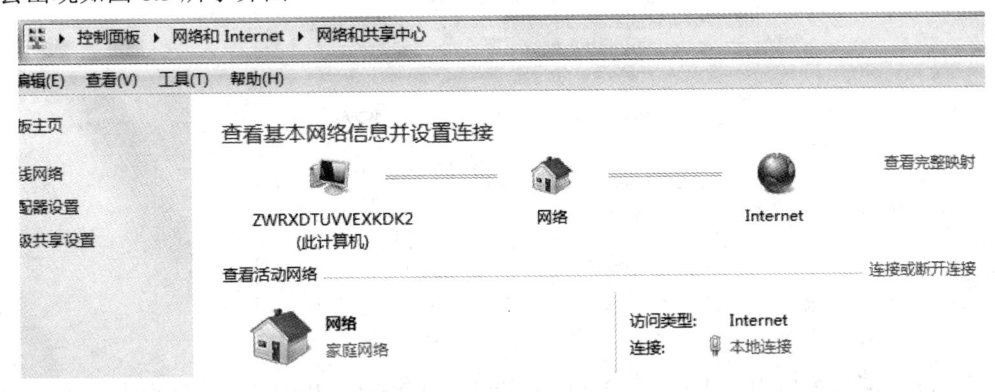

图 6.3　“网络和共享中心”窗口

在图 6.3 所示界面中点击“本地连接”，则出现如图 6.4 所示本地连接状态窗口。

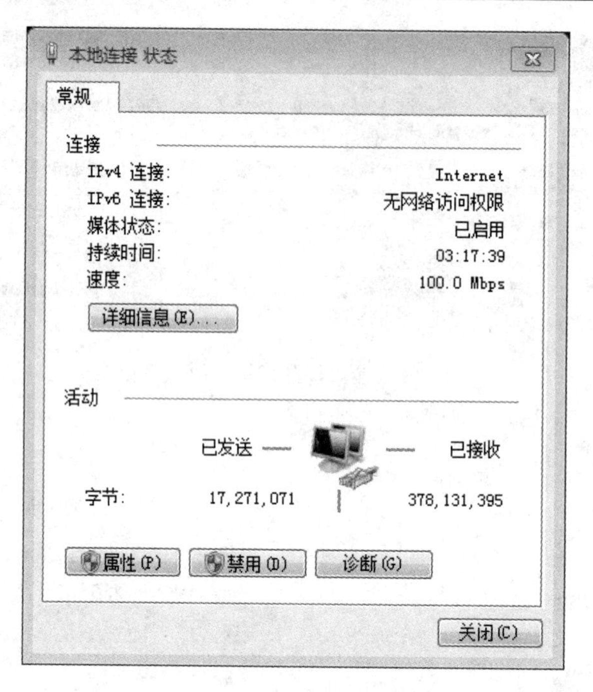

图 6.4 “本地连接 状态”窗口

在图 6.4 所示“本地连接 状态”窗口中，点击“属性”按钮，则出现图 6.5 所示“本地连接 属性”窗口。

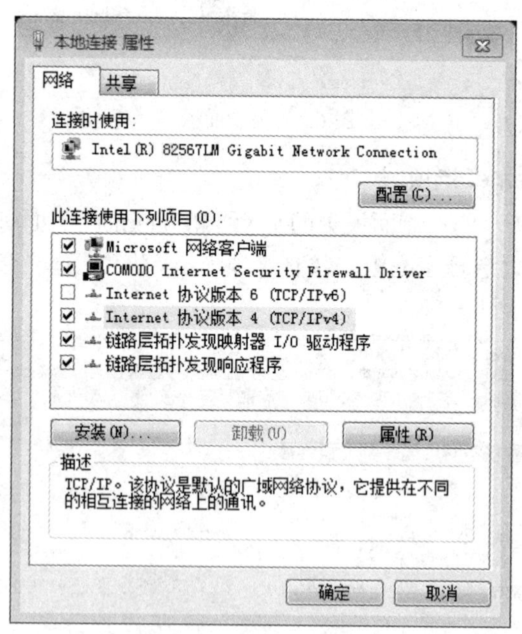

图 6.5 “本地连接 属性”窗口

在图 6.5 所示窗口中，先选择“Internet 协议版本 4(TCP/IPv4)”，然后点击“属性”按钮，则会出现“Internet 协议版本 4(TCP/IPv4)属性”窗口，在该窗口中选择“自动获得 IP 地址”和“自动获得 DNS 服务器地址”，如图 6.6 所示。

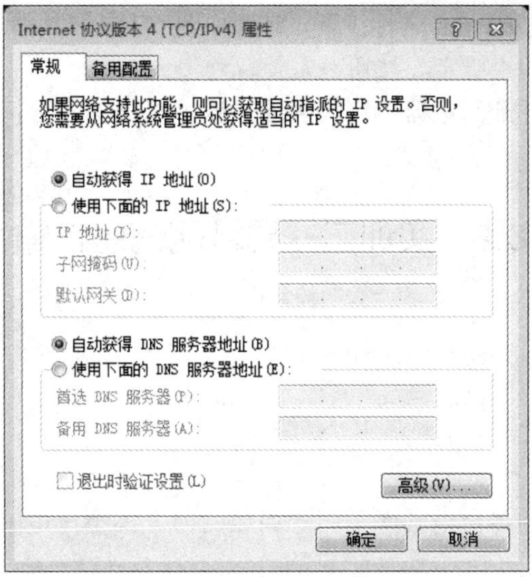

Internet 协议版本 4 (TCP/IPv4) 属性

常规　备用配置

如果网络支持此功能，则可以获取自动指派的 IP 设置。否则，您需要从网络系统管理员处获得适当的 IP 设置。

◉ 自动获得 IP 地址(O)
○ 使用下面的 IP 地址(S):
IP 地址(I):
子网掩码(U):
默认网关(D):

◉ 自动获得 DNS 服务器地址(B)
○ 使用下面的 DNS 服务器地址(E):
首选 DNS 服务器(P):
备用 DNS 服务器(A):

□ 退出时验证设置(L)　高级(V)...

确定　取消

图 6.6　自动获得 IP 和 DNS 服务器地址

在图 6.6 中 IP 地址和 DNS 服务器地址是自动获得的。如果在路由器中进行了设置启用 DHCP 服务器，并进行正确设置后，就可以在电脑中设置 IP 的时候设置 IP 和 DNS 服务器地址都自动获得，如图 6.6 所示。

如果路由器中并没有启用 DHCP 服务器，就需要手动设置固定 IP 和 DNS 服务器地址。注意，手动设置的固定 IP 跟路由器 LAN 口 IP 地址在同一网段，而 DNS 服务器设置中，可以直接在网上搜索全国各省市 DNS 服务器 IP 地址，填入就可以了。例如假设路由器的 IP 是 192.168.121.1，则自用电脑的 IP 可以设置为 192.168.121.*(如果没有冲突的话，其中*在理论上用 2 到 254 替换都可以)。路由器中设置子网掩码是 255.255.255.0，也正常填入。默认网关直接设置为路由器的 LAN 口 IP 地址就可以了，因此填入 192.168.121.1。设置后如图 6.7 所示。

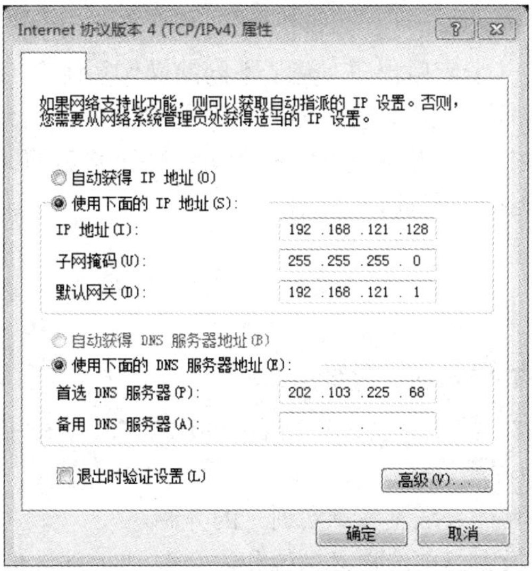

Internet 协议版本 4 (TCP/IPv4) 属性

如果网络支持此功能，则可以获取自动指派的 IP 设置。否则，您需要从网络系统管理员处获得适当的 IP 设置。

○ 自动获得 IP 地址(O)
◉ 使用下面的 IP 地址(S):
IP 地址(I): 192 .168 .121 .128
子网掩码(U): 255 .255 .255 . 0
默认网关(D): 192 .168 .121 . 1

○ 自动获得 DNS 服务器地址(B)
◉ 使用下面的 DNS 服务器地址(E):
首选 DNS 服务器(P): 202 .103 .225 . 68
备用 DNS 服务器(A):

□ 退出时验证设置(L)　高级(V)...

确定　取消

图 6.7　设置固定 IP 和 DNS

在设置自动获得IP(按图6.6进行设置)，或者如图6.7根据具体情况设置固定IP和DNS后，就可以点击窗口中的“确定”按钮。

当网络设置好后，打开浏览器，输入网址，就可以测试能否正常上网了。

6.2 实训二：局域网信息传输

本实训主要介绍Windows 7中FTP的设置。

6.2.1 任务提出

现在，小唐宿舍里的多台电脑属于同一局域网内了。小唐电脑上有不少学习资源想跟宿舍同学分享。

6.2.2 解决方案

小唐只需要在自己电脑上开启FTP服务就可以了。

6.2.3 相关知识

1. 局域网

局域网(Local Area Network，LAN)是指在某一区域内由多台计算机互连成的计算机组，其可以由办公室内的两台计算机组成，也可以由一个公司内的上千台计算机组成。

2. FTP

FTP 是File Transfer Protocol(文件传输协议)的英文简称，用于Internet上的控制文件的双向传输。同时，它也是一个应用程序。基于不同的操作系统有不同的FTP应用程序，而所有这些应用程序都遵守同一种协议以传输文件。在FTP的使用当中，用户经常遇到两个概念：下载和上传。下载文件就是从远程主机拷贝文件至自己的计算机上；上传文件就是将文件从自己的计算机中拷贝至远程主机上。

6.2.4 实现方法

1. 确定Microsoft FTP Service服务启动

登录FTP服务器之前，需要确保服务Microsoft FTP Service是启动的。查看方式有多种，这里只给出其中一种方法。

(1) 打开控制面板，具体方法见本章实训一的介绍。

(2) 在打开的控制面板中点击选择“系统和安全”，见图6.8。

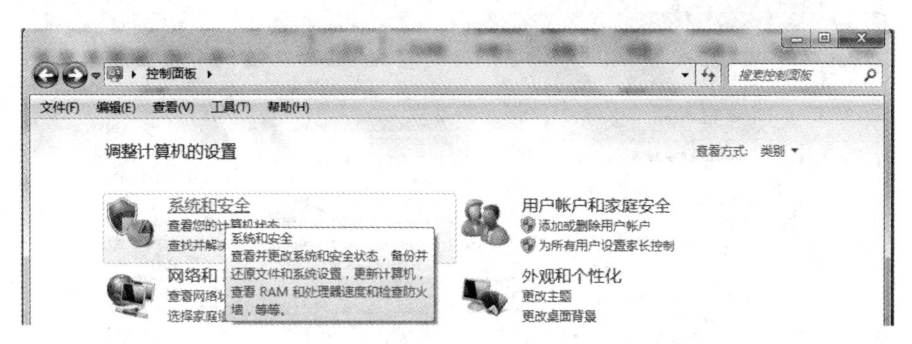

图 6.8　控制面板中选择“系统和安全”选项

点击“系统和安全”后，出现如图 6.9 所示界面，在其中点击选择“管理工具”。

图 6.9　“系统和安全”界面

当点击图 6.9 中所示“管理工具”选项后，出现如图 6.10 所示页面。

图 6.10　“管理工具”页面

在如图 6.10 所示管理工具页面中，鼠标双击“服务”图标就可以了。这时就会出现服务设置的界面，如图 6.11 所示。

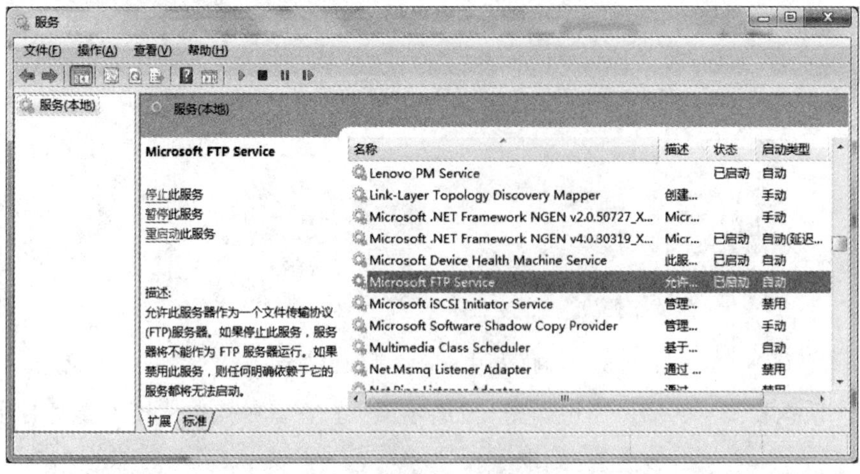

图 6.11 “服务”设置窗口

在如图 6.11 所示的服务设置界面中找到 Microsoft FTP Service，查看是否已经启动，如果没有启动则双击，然后根据提示修改为启动就可以了。

2. 新建文件夹并重命名，提供 FTP 使用

现在需要建立一个文件夹单独提供 FTP 使用。以后如果想要将文件分享只需要将文件复制到该文件夹中就可以了。文件夹创建的路径和名称由自己选择。这里，小唐同学在 F 盘创建一个文件夹名为 FTP。

3. 安装 FTP 服务和 IIS 服务控制台

要开设 FTP，需要安装 FTP 服务和 IIS 服务控制台。方法如下：

(1) 打开控制面板，具体方法见本章实训一的介绍。

(2) 选择“程序”。

如图 6.12 所示，进入控制面板后，鼠标左键点击图 6.12 所示窗口中的“程序”，则打开如图 6.13 所示界面，可以在该界面中打开“卸载程序”窗口以及打开“打开或关闭 windows 功能”窗口。这里我们是需要打开一些 Windows 功能。

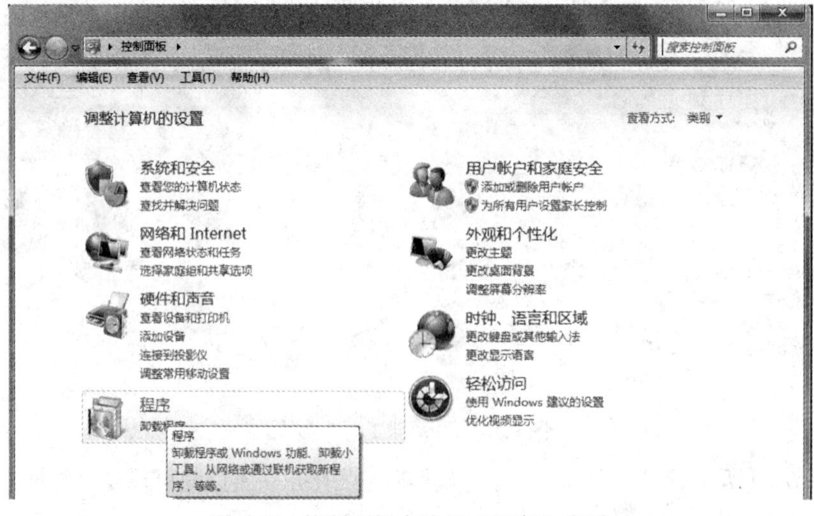

图 6.12 控制面板中选择“程序”选项

图 6.13　“控制面板→程序”界面

(3) 打开 Windows 功能。

在如图 6.13 所示的控制面板－程序界面中，点击选择“打开或关闭 Windows 功能”，则能打开 Windows 功能窗口，如图 6.14 所示。按照图 6.14 中的示例进行选择，将 FTP 服务器勾选、IIS 管理控制台勾选后点击“确定”，这时会出现如图 6.15 所示提示窗口，耐心等待该窗口自动消失就可以进行 FTP 创建了。

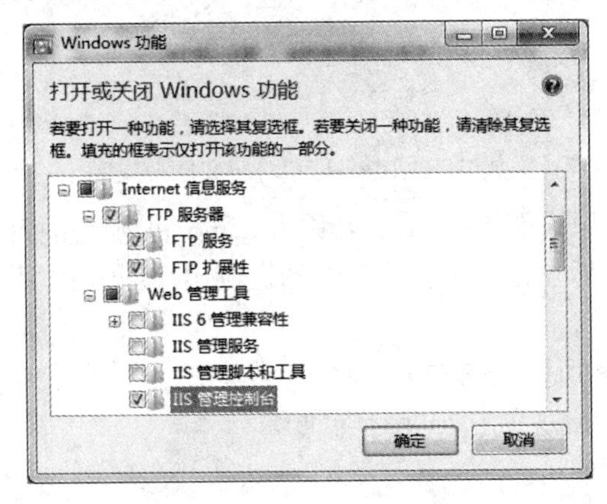

图 6.14　Windows 功能窗口

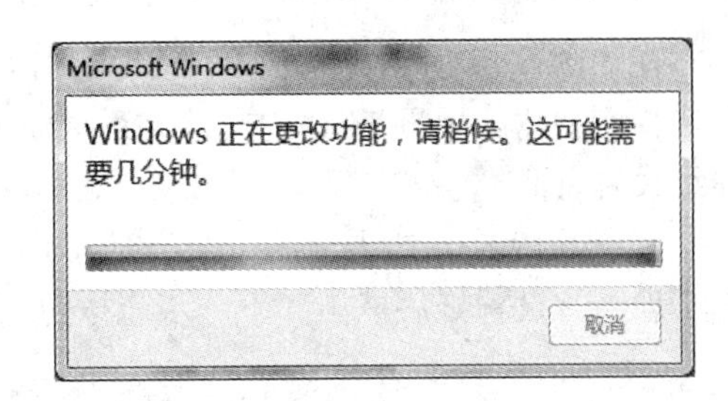

图 6.15　等待窗口

4. 在 IIS 控制面板中添加 FTP 站点

打开“管理工具”页面的方法在前面查看确定 Microsoft FTP Service 服务已经正常启动的时候已经介绍过。打开“管理工具”窗口，如图 6.16 所示。

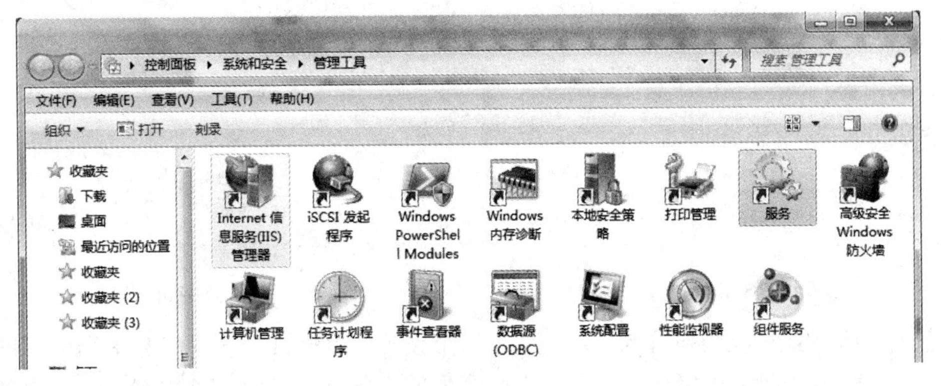

图 6.16　“管理工具”窗口

在图 6.16 中，可以看到因为刚才打开了 IIS 管理控制台，因此出现了一个名为“Internet 信息服务(IIS)管理器”的图标，鼠标左键双击该图标，则会出现“Internet 信息服务(IIS)管理器”界面，如图 6.17 所示。在该界面右键点击“网站”，然后在弹出的快捷菜单中选择“添加 FTP 站点…”则打开如图 6.18 所示窗口。

图 6.17 Internet 信息服务(IIS)管理器

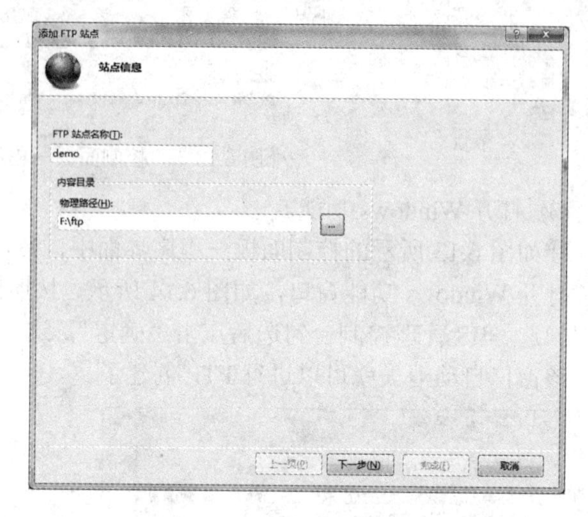

图 6.18 添加 FTP 站点名称和对应文件夹位置

在如图 6.18 所示“添加 FTP 站点”窗口中设置 FTP 站点名称为 demo 和物理路径(这里选择刚创建的用于 FTP 的文件夹路径)，然后点击“下一步”按钮。则出现图 6.19 所示详细设置页面。

在图 6.19 中，需要将 IP 地址设置为 FTP 所在电脑的 IP 地址，具体 IP 地址查看方法见实训一。设置好后点击“下一步”按钮，则出现图 6.20 所示界面。

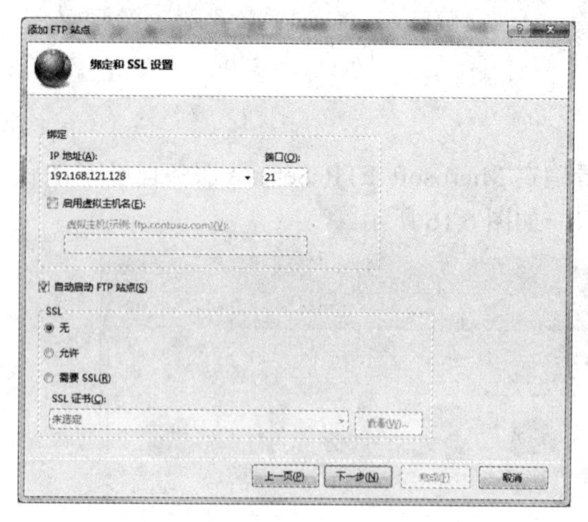

图 6.19 绑定和 SSL 设置

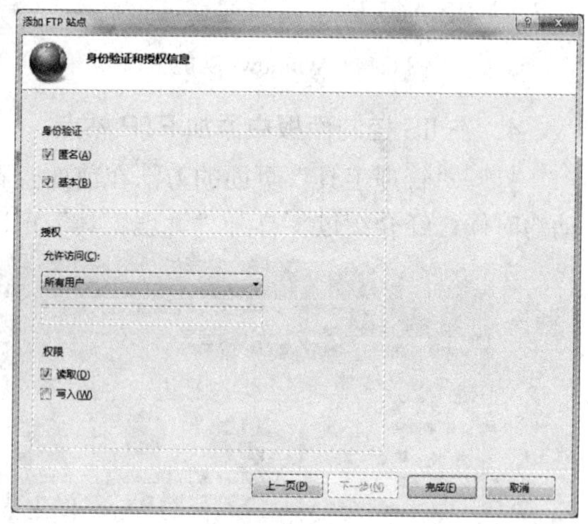

图 6.20 身份验证和授权信息

在图 6.20 中，将权限设置为读取，通过这个设置，用户具有读取该 FTP 所对应的文件夹中文件的权限，如果还想让用户具有上传文件的权限，那就还需要将“写入”复选框选上。这时，FTP 基本创建好了，只需要点击图 6.20 所示的“完成”按钮就好。

5. 配置 FTP 站点

FTP 站点设置好后，还可以对其进行更加详细的设置。鼠标双击图 6.21 左侧的“demo”，则在右侧窗口出现具体设置页面，此时根据具体需要可以对已经创建好的 FTP 进行设置，见图 6.21。比如，想让该 FTP 既能下载也能提供给上传，则修改“FTP 授权规则”就好。

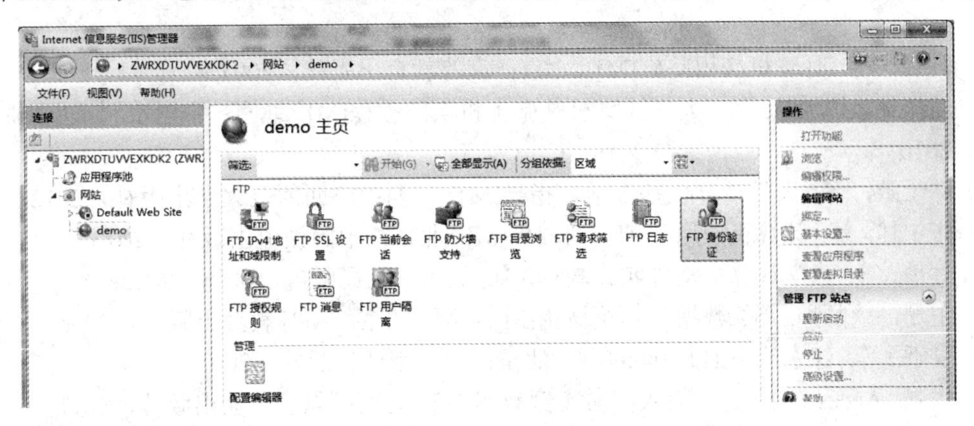

图 6.21 FTP 具体设置

6. 测试 FTP 站点

打开电脑上的浏览器，在地址栏中输入 ftp://192.168.121.128/，则出现如图 6.22 所示界面。这表示在本机上 FTP 是可以了。那么在同一局域网中，可以自己再寻找电脑进行测试。

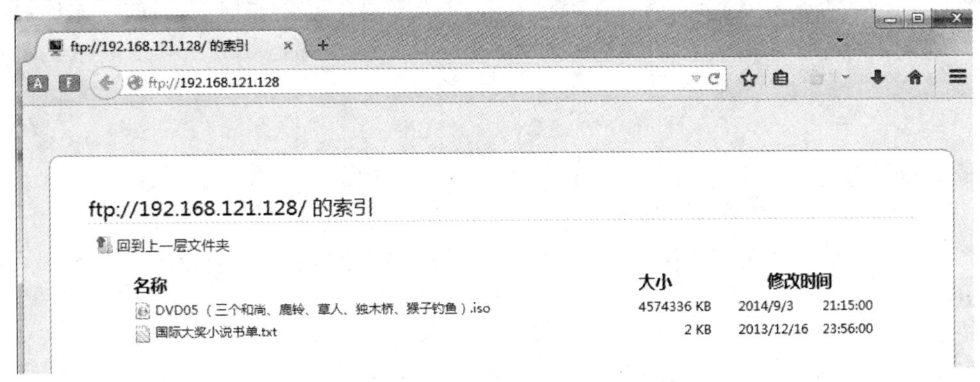

图 6.22 测试 FTP

参 考 文 献

[1] 许晞，等. 计算机应用基础[M]. 北京：高等教育出版社，2007.

[2] 何振林，胡绿慧，等. 大学计算机基础上机实践教程[M]. 北京：中国水利水电出版社，2010

[3] 林士敏，等. 大学计算机基础学习指导[M]. 广西：广西师范大学出版社，2012.

[4] 张宁林，等. 计算机应用基础实训教程[M]. 北京：中国铁道出版社，2013.

[5] 甘勇，等. 大学计算机基础实践教程[M]. 北京：人民邮电出版社，2013.

[6] 王珊，萨师煊，等. 数据库系统概论[M]. 4 版. 北京：高等教育出版社，2006.

[7] 夏昕，等. 深入浅出 Hibernate[M]. 北京：电子工业出版社，2005.

[8] 张强. Access2010 中文版入门与实例教程[M]. 北京：电子工业出版社，2011.

[9] (美)特南鲍姆，等. 计算机网络[M]. 5 版. 北京：清华大学出版社，2012.

[10] 王达. 深入理解计算机网络[M]. 北京：机械工业出版社，2013.

[11] http://baike.baidu.com/